Verfahren der Datenverarbeitung

Herausgeber:
Klaus Becker-Berke und **Rudolf Herschel**

Algorithmen
für multivariable Ausgleichs-modelle

von Dr. rer. nat. **Helmuth Späth**

mit 4 Bildern, 43 Tabellen und
39 Computer-Programmen

R. Oldenbourg Verlag München Wien 1974

© 1974 R. Oldenbourg Verlag GmbH, München

Das Werk ist urheberrechtlich geschützt. Die dadurch begründeten Rechte, insbesondere die der Übersetzung, des Nachdrucks, der Funksendung, der Wiedergabe auf photomechanischem oder ähnlichem Wege sowie der Speicherung und Auswertung in Datenverarbeitungsanlagen, bleiben, auch bei nur auszugsweiser Verwertung, vorbehalten. Werden mit schriftlicher Einwilligung des Verlags einzelne Vervielfältigungsstücke für gewerbliche Zwecke hergestellt, ist an den Verlag die nach § 54 Abs. 2 UG zu zahlende Vergütung zu entrichten, über deren Höhe der Verlag Auskunft gibt.

ISBN 3-486-39731-1

Inhaltsverzeichnis

Vorwort 7

1. Einleitung 9

2. Lineare Gleichungssysteme und diskrete lineare L_2-Approximation (Regressionsanalyse) 19
   2.1 Lösung linearer Gleichungssysteme 19
   2.2 Lösung überbestimmter linearer Gleichungssysteme im Sinne der kleinsten Quadrate ohne und mit linearen Nebenbedingungen . 22
   2.3 Variablenauswahl bei der Regression 35
   2.4 Die Methode der kleinsten Quadrate für Polynome ... 43

3. Diskrete lineare L_p-Approximation ($1 \leq p < \infty$) 50
   3.1 L_1-Approximation 50
   3.2 L_p-Approximation ($1 < p < \infty$) 55

4. Interdependente (nichtlineare oder orthogonale) diskrete lineare Approximation 64
   4.1 Die Gerade durch den Ursprung in der Ebene 64
   4.2 Der multivariable Fall 66
   4.3 Variablenauswahl 75

5. Nichtlineare Gleichungssysteme und diskrete nichtlineare
   L_2-Approximation 82

   5.1 Nichtlinearer Ausgleich bei einem nichtlinearen Parameter ... 82

   5.2 Nichtlineare Gleichungssysteme und nichtlineare Regression bei
       mehreren nichtlinearen Parametern 92

6. Minimierung von stetigen, nicht notwendigerweise differenzierbaren
   Funktionalen 108

   6.1 Ein Suchprozeß 108

   6.2 Anwendung auf die eindimensionale Skalierung 113

Literatur 121

Vorwort

Bei vielen Anwendungen in Technik, Wissenschaft und Wirtschaft werden Meßwerte für eine Gruppe von Variablen für verschiedene Objekte oder eine weitere Variable erfaßt. Aufgabe der Ausgleichsrechnung ist es, die in einem ausgewählten Modell linear oder nichtlinear auftretenden Parameter so zu bestimmen, daß die Abhängigkeit einer Variablen von gewissen oder allen anderen Variablen möglichst gut beschrieben wird. Gelingt die Anpassung, so kann die Gültigkeit des Modells als verifiziert betrachtet und es kann unter Umständen auch zu Prognosezwecken herangezogen werden.

Das Buch hat das Ziel, nach jeweils kurzer Darstellung der mathematischen Ausgleichsprinzipien und der zugehörigen gewählten numerischen Lösungsverfahren die technischen Hilfsmittel für das jeweilige Prinzip in Form von FORTRAN-Programmen zusammen mit durchgerechneten Beispielen zur Verfügung zu stellen.

Neben dem wohlbekannten Ausgleich im Sinne der kleinsten Quadrate für lineare und nichtlineare Parameter werden für den Fall nur linear auftretender Parameter auch die unter bestimmten Umständen sinnvolleren Möglichkeiten der diskreten L_p-Approximation ($1 \leq p < \infty$) und der interdependenten Regression, die keine Variable als abhängig auszeichnet, betrachtet. Als Nebenprodukte fallen Programme für lineare und nichtlineare Gleichungssysteme an. Für nicht stetig differenzierbare Ausgleichsprinzipien (z.B. L_1-Norm) wird ein Suchprozeß angegeben.

Für das Verständnis des Buches sind Grundkenntnisse der linearen Algebra, der Differentialrechnung und von FORTRAN erforderlich. Bei den Programmen wurde auf Einfachheit und Übersichtlichkeit geachtet. Zudem gewährleistet die Verwendung von FORTRAN die unmittelbare Anwendbarkeit der Programme auf den Computern verschiedenster Hersteller, erhöht somit den Gebrauchswert der Programme und rechtfertigt so auch die pure Adaption einiger bereits in ALGOL publizierten Programme.

1. *Einleitung*

Die Euklidische Norm eines Vektors

$$(1.1) \qquad x = \begin{pmatrix} x_1 \\ \vdots \\ x_n \end{pmatrix} = (x_1, \ldots, x_n)^T$$

des n-dimensionalen arithmetischen (reellen) Vektorraums $\mathbb{R}^n$ [37] ist definiert als [21]

$$(1.2) \qquad \|x\|_2 = \sqrt{\sum_{k=1}^{n} x_k^2}.$$

für $n = 1$ schreiben wir $x = x_1$ und $\|x\|_2$ stimmt in diesem Fall mit dem Absolutbetrag $|x|$ von x_1 überein.

Sind $x, y \in \mathbb{R}^n$, so gilt für (1.2), wenn wir $\|\ \|_2 = \|\ \|$ schreiben:

$$(1.3) \qquad \begin{aligned} \|x\| &= 0 \leftrightarrow x = 0, \\ \|x+y\| &\leq \|x\| + \|y\|, \\ \|\alpha x\| &= |\alpha| \cdot \|x\|. \end{aligned}$$

Hierbei ist α eine reelle Zahl (Skalar) und die Operationen αx und $x + y$ sind wie üblich komponentenweise definiert.

Eine Abbildung $\|\ \|: \mathbb{R}^n \to \mathbb{R}^+ \cup \{0\}$ des $\mathbb{R}^n$ in die nichtnegativen Zahlen mit den Eigenschaften (1.3) nennt man eine Norm [21]. Die Euklidische Norm (1.2) heißt auch diskrete L_2-Norm. Die Definition (1.2) kann man zu

$$(1.4) \qquad \|x\|_p = \sqrt[p]{\sum_{k=1}^{n} |x_k|^p} \quad (1 \leq p \leq \infty)$$

verallgemeinern [21].

In der Tat gelten alle Eigenschaften (1.3) (nicht für $0 < p < 1$), und man spricht von der diskreten L_p-Norm. Definition (1.2) ist für $p = 2$ in (1.4) enthalten. Weitere oft gebräuchliche Spezialfälle von (1.4) sind die L_1-Norm

$$(1.5) \qquad \|x\|_1 = \sum_{k=1}^{n} |x_k|$$

und die L_∞- oder Tschebyscheff-Norm

(1.6) $$\|x\|_\infty = \max_k |x_k|,$$

die man durch den Grenzübergang $p \to \infty$ erhält.

In Bild B1 bedeutet das Innere der Figuren die Mengen $\{x : \|x\|_p \leq 1\}$ für $p = 1, 2, \infty$ im $\mathbb{R}^3$. Für $1 < p < 2$ und $2 < p < \infty$ gehen die Figuren stetig ineinander über [21].

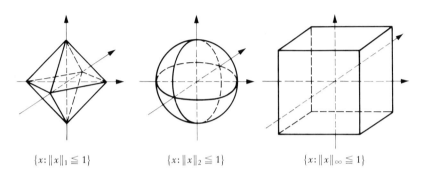

$\{x : \|x\|_1 \leq 1\}$ $\qquad$ $\{x : \|x\|_2 \leq 1\}$ $\qquad$ $\{x : \|x\|_\infty \leq 1\}$

Bild B 1

Für $n = 1$ stimmen alle L_p-Normen mit $|x|$ überein. Für $1 < p < \infty$ ist die L_p-Norm strikt konvex, da Verbindungsstrecken irgendwelcher Punkte ganz im Innern der durch $\{x : \|x\|_p < 1\}$ beschriebenen Menge liegt; für $p = 1$ und $p = \infty$ können solche Verbindungsstrecken auch auf der Hülle der genannten Menge liegen.

Seien nun $x_1, \ldots, x_r$ Vektoren (nicht Komponenten in (1.1)) und $\alpha_1, \ldots, \alpha_r$ reelle Zahlen, so heißt

$$y = \alpha_1 x_1 + \ldots + \alpha_r x_r$$

eine Linearkombination der gegebenen Vektoren [37].

Die Vektoren $x_1, \ldots, x_r$ heißen linear unabhängig, wenn $y = 0$ genau dann gilt, wenn $\alpha_1 = \ldots = \alpha_r = 0$ ist. Andernfalls heißen sie linear unabhängig. Die Maximalzahl linear unabhängiger Vektoren im $\mathbb{R}^n$ ist n und jede solche Vektormenge heißt eine Basis des $\mathbb{R}^n$. Jeder Vektor $y \in \mathbb{R}^n$ kann als Linearkombination der Elemente einer Basis dargestellt werden [37].

Eine Matrix A vom Typ (m, n) ist gegeben durch ein rechteckiges Zahlenschema a_{ik} $(i = 1, \ldots, m; k = 1, \ldots, n)$, also durch

$$A = \begin{pmatrix} a_{11} & \ldots & a_{1n} \\ \vdots & & \vdots \\ a_{m1} & \ldots & a_{mn} \end{pmatrix}.$$

Die transponierte A^T der Matrix A ist durch das Zahlenschema

$$A^T = \begin{pmatrix} a_{11} & \cdots & a_{m1} \\ \vdots & & \vdots \\ a_{1n} & \cdots & a_{mn} \end{pmatrix}$$

definiert und ist vom Typ (n, m).

Man kann sich die Matrix A aus m Zeilenvektoren des $\mathbb{R}^n$ oder aus n Spaltenvektoren des $\mathbb{R}^m$ aufgebaut vorstellen. Der Rang von A, $r = \text{rang}(A)$, ist definiert als die Maximalzahl der linear unabhängigen Zeilenvektoren. Für die Spaltenvektoren gilt dieselbe Rangzahl, d.h. $\text{rang}(A) = \text{rang}(A^T)$ [11, 37]. Natürlich ist $r \leq \min(m, n)$.

Ein lineares Gleichungssystem

(1.7) $\quad A x = b$

mit der Matrix A vom Typ (m, n), der rechten Seite $b \in \mathbb{R}^m$ und den Unbekannten $x \in \mathbb{R}^n$ besteht aus m linearen Beziehungen

$$\sum_{k=1}^{n} a_{ik} x_k = b_i \quad (i = 1, \ldots, m).$$

Ein solches Gleichungssystem hat unabhängig von den Werten für m, n und r genau dann mindestens eine Lösung, wenn der Rang von A gleich dem der um b erweiterten Matrix ist [11, 37], also wenn gilt

(1.8) $\quad \text{rang}(A) = \text{rang}(A, b)$.

Der Fall $r < n$, für den, falls (1.8) erfüllt ist, eine parameterabhängige Schar von Lösungen existiert, wird uns nicht weiter interessieren.

Ist $r = m = n$, so haben wir ein nichtsinguläres Gleichungssystem mit quadratischer Matrix A, das eine eindeutige Lösung besitzt und mit Gaußschen Eliminationsverfahren gelöst werden kann [32].

Ist $r = n$ und $m > n$, so ist (1.8) im allgemeinen nicht erfüllt und man versucht einen Vektor x zu finden, der eine Norm des Defekts $Ax - b$ minimiert.

Wählt man die Euklidische Norm, so hat man den in der Regressionsanalyse [25] üblichen Ansatz der Minimierung von $\|Ax - b\|_2$ oder gleichwertig die von

(1.9) $\quad \|Ax - b\|_2^2$.

Setzt man den Gradienten von (1.9) gleich Null, so erhält man die sogenannten Normalengleichungen [25, 6, 33]

(1.10) $\quad A^T A x = A^T b$,

die eindeutig nach x auflösbar sind und die gesuchte Lösung liefern, falls $\text{rang}(A) = n$ ist. In diesem Fall ist nämlich $A^T A$ positiv definit und daher nichtsingulär. Da die zweite Ableitung von (1.9) gleich $A^T A$ ist, handelt es sich um das gesuchte Minimum [28].

Moderne numerische Verfahren lösen aufgrund auftretender Rundungsfehler [50] jedoch nicht (1.10). Da die Euklidische Norm invariant gegenüber orthogonalen ($Q^T Q = E$, E Einheitsmatrix) Abbildungen Q ist, also $\|x\|_2 = \|Qx\|_2$ gilt, minimiert man [6, 33, 50] statt (1.9)

(1.11) $\quad \|Q(Ax-b)\|_2^2$,

wobei die Matrix Q vom Typ (m, m) so bestimmt wird, daß

$$QA = R = \begin{pmatrix} r_{11} & \cdots & \cdots & r_{1n} \\ & r_{22} & & \vdots \\ 0 & & \ddots & \vdots \\ & & & r_{nn} \\ & & 0 & \end{pmatrix}$$

eine obere Dreiecksmatrix wird, sodaß also

$$Rx = Qb$$

einfach durch Rückwärtseinsetzung gelöst werden kann. Anschließend kann die erhaltene numerische Lösung iterativ [9, 10] verbessert werden.

Neben der Minimierung von (1.9) betrachten wir den Fall, daß es lineare Nebenbedingungen gibt, daß also einige der Gleichungen von $Ax = b$ exakt erfüllt werden sollen [10]. Dazu denken wir uns A in zwei Teilmatrizen A_1 vom Typ (m_1, n) und A_2 vom Typ (m_2, n) mit $m_1 + m_2 = m$ aufgespalten und minimieren

(1.12) $\quad \|A_2 x - b\|_2$

unter den Nebenbedingungen

(1.13) $\quad A_1 x = b$.

Bevor wir uns mit der Wahl ausgerechnet der Euklidischen Norm bei der Lösung von überbestimmten Gleichungssystemen auseinandersetzen, wechseln wir die Schreibweise, um die in der Regressionsanalyse übliche [25] zu erhalten.

Dort bezeichnet man die Datenmatrix A mit X, da die n Spalten n unabhängige Variable x_k erinnern sollen, die rechte Seite b mit y, und die Unbekannten x mit q, die die Koeffizienten $a = (a_1, \ldots, a_n)$ im Ansatz

(1.14) $\quad y = a_1 x_1 + \ldots + a_n x_n$

für die abhängige Variable y darstellen. Das überbestimmte System lautet also

(1.15) $Xa = y$

und für (1.9) ist

(1.16) $\|Xa-y\|_2$

zu minimieren.

Die Variablen x_k in (1.14) sind im Fall des Ausgleichs mit einem Polynomansatz durch

(1.17) $x_k = x^{k-1}$ $(k=1,\ldots,n)$

gegeben und für die Datenmatrix X gilt

(1.18) $X = (x_{ik}) = (x_i^{k-1})$ $(i=1,\ldots,m;\ k=1,\ldots,n)$.

Für paarweise verschiedene x_i hat X den Rang n. Zur praktischen Lösung dieses Ausgleichsproblems wählt man jedoch den Ansatz orthogonaler Polynome, der ein numerisch noch stabileres Lösungsverfahren garantiert [1, 31, 39]. Die Variablen x_k in (1.14) können aber auch Funktionen von sich oder weiteren Variablen $z_1,\ldots,z_q$ sein. Die Datenmatrix lautet dann z. B.

$$x_{ik} = f_k(x_i)$$

(1.19)   oder

$$x_{ik} = f_k(z_{1i},\ldots,z_{qi}).$$

Im zweiten Fall kann der Index q auch noch von k abhängen.

Gleich in welcher Form die Matrix X vorgegeben ist, kann zu ihrer i-ten Zeile bzw. dem i-ten Element des Vektors y jeweils ein Gewicht $p_i > 0$ vorgegeben sein, das den Einfluß der entsprechenden Zeile gegenüber den anderen stärkt oder schwächt. Bezeichnet man mit

$$P = \operatorname{diag}(\sqrt{p_1},\ldots,\sqrt{p_m})$$

die Diagonalmatrix der Wurzeln dieser Gewichte, so ist also

$$\|P(Xa-y)\|_2$$

zu minimieren. Nennt man PX wieder X und Py wieder y, multipliziert also die Zeilen von X und die entsprechenden Elemente von y mit $\sqrt{p_i}$, so hat man wieder das Ausgangsproblem (1.16). Daher kann die Einführung von Gewichtsfaktoren im folgenden formal vermieden werden.

Man kann sich nun fragen, weshalb das überbestimmte System (1.15) ausgerechnet im Sinne der L_2-Norm, was traditionsgemäß als Methode der kleinsten Quadrate bezeichnet wird, gelöst wird.

Dies resultiert aus statistischen Überlegungen. Will man nämlich Signifikanztests zum Regressionsansatz an sich und Vertrauensintervalle für die gefundenen Koeffizienten $a_1,\ldots,a_n$ erhalten, so muß man für jede Komponente von $y - Xa$ eine Normalverteilung mit Mittelwert Null und mit einer für alle Komponenten gleichen Varianz voraussetzen [11, 25, 74].

Nun läßt sich diese Normalverteilung in der Praxis zwar voraussetzen, aber im allgemeinen nicht nachweisen. Dann ist aber der Ausgleich im Sinne der kleinsten Quadrate gegenüber der Verwendung der L_p- Norm im wesentlichen nur noch durch rechentechnische Einfachheit ausgezeichnet.

Daher werden wir in diesem Buch auch die Lösung des überbestimmten Systems im Sinne der L_p- Norm, also durch Minimierung von

(1.20) $\quad \|Xa - y\|_p \quad (p \geq 1)$

betrachten. Insbesondere ist dies für Werte von p mit $1 < p < 2$ sinnvoll, da für $p \to 1$ die Tendenz vorherrscht, Ausreißer in den Daten zu ignorieren [3], während für $p \to \infty$ auch Ausreißer im gleichen Maß berücksichtigt werden, weshalb im diskreten Fall insbesondere $p = \infty$ indiskutabel ist.

Für $1 < p < \infty$ ist die Lösung a von (1.20) eindeutig und kann als Folge von verschieden gewichteten Lösungen in der L_2- Norm gewonnen werden [30, 46, 56].

Für $p = 1$ ist sie im allgemeinen, außer für speziell erzeugte Matrizen X [67], mehrdeutig und eine Lösung kann mit dem Simplexalgorithmus berechnet werden [2, 68].

Den Fall $p = \infty$ [2, 4] werden wir nicht betrachten, da sich dieses Approximationsprinzip, wie schon begründet, im allgemeinen für diskrete Probleme nicht eignet, dafür aber für kontinuierliche Probleme geeigneter ist.

Jetzt kommen wir wieder auf den Fall $p = 2$ zurück. Für den Spezialfall des Ausgleichs mit einer durch den Ursprung verlaufenden Geraden in der Ebene, also mit $y = a_1 x_1 = a x$ lautet das Gleichungssystem (1.15)

$$\begin{pmatrix} x_1 \\ \vdots \\ x_m \end{pmatrix} (a) = \begin{pmatrix} y_1 \\ \vdots \\ y_m \end{pmatrix}$$

und die Quadratsumme

$$\|Xa - y\|_2^2 = \sum_{i=1}^{m} (y_i - a x_i)^2$$

muß minimiert werden. Ihr entspricht die Summe der Quadrate der ordinatenachsenparallelen Abstände von y_i zu der Geraden. In Bild B2 ist die Situation für ein spezielles Koordinatenpaar (x_j, y_j) dargestellt.

Genausogut kann man nun versuchen, die Summe der Quadrate der zu der gesuchten Geraden senkrechten Abstände, also

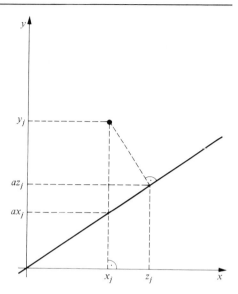

Bild B 2

(1.21) $$\sum_{i=1}^{m} [(a\, z_i - y_i)^2 + (z_i - x_i)^2]$$

zu minimieren. Hierbei sind die z_i unbekannte Abszissen.

Die Verallgemeinerung dieses Minimierungsprinzips für das überbestimmte System $X a = y$ lautet dann

(1.22) $$\|Z a - y\|_2^2 + \sum_{i=1}^{m} \|z_i - x_i\|_2^2,$$

wobei Z eine unbekannte Matrix vom Typ (m, n) ist und z_i bzw. x_i die Zeilenvektoren von Z bzw. X bedeuten. In Standardlehrbüchern über Approximation [20, 23, 40, 42, 67] ist dieses Ausgleichsprinzip nicht zu finden. Für den Fall einer Ausgleichsgerade ist es ausführlich in [72] behandelt.

Für (1.21) kann die Lösung explizit angegeben und ihre Eindeutigkeit nachgewiesen werden. Für den allgemeinen Fall (1.22) ist uns dies nicht möglich. Jedoch können wir ein Iterationsverfahren zur Lösung der Stationaritätsbedingung angeben, das empirisch stets das empirisch eindeutige Minimum geliefert hat.

Diese Situation ist natürlich mathematisch gesehen nicht sehr befriedigend. Andererseits können wir jedoch zeigen, daß das Ausgleichsprinzip (1.22) die bemerkenswerte Eigenschaft hat, daß es nicht wie bei (1.16) eine ausgezeichnete abhängige Variable y gibt. Vertauscht man nämlich y mit einer beliebigen Spalte von X und wendet wieder das Prinzip (1.22) an, so gehen die jeweiligen Lösungen durch eine einfache Transformation ineinander über.

Aus diesem Grund nennen wir das Prinzip (1.22) das des interdependenten Ausgleichs. Aufgrund des Konstruktionsprinzips nach Bild B2 sprechen wir auch von orthogonaler Regression. Der dritte Name, nämlich nichtlinearer linearer Ausgleich, ist gerechtfertigt, weil die im Ansatz linearen Parameter a in der Stationaritätsbedingung für (1.22) nichtlinear auftreten.

Ein wichtiges Problem bei allen Approximationsprinzipien, obwohl wir nur für (1.16) und (1.22) explizite Programmunterstützung dafür geben, ist das der Auswahl von Variablen. Setzen wir insbesondere für (1.16) y als abhängige Variable fest, so kann man über Anzahl und Kombinationen der Spalten von X, die tatsächlich zur Berechnung herangezogen werden sollten, geteilter Meinung sein.

Für kleinere Werte von n, sagen wir $n < 16$, und nicht zu hohe m, was für die Praxis im allgemeinen bei weitem ausreicht, kann man alle 2^n ($2^{15} \approx 32\,000$) Kombinationen ausrechnen und anhand der Werte für (1.16) bzw. (1.22) und eventuell anhand der Residuen $Xa - y$ beurteilen, welche Kombinationen infrage kommen. Daher werden wir auch Methoden wie die schrittweise Regression [66] und weitere [76, 43], die für eine feste Variablenzahl die optimale Auswahl nicht garantieren, nicht behandeln.

Analog zu (1.7) läßt sich ein nichtlineares Gleichungssystem in der Form

(1.23) $F(x) = 0$

schreiben, das in Komponentenschreibweise

$$f_k(x_1, \ldots, x_n) = 0 \quad (k = 1, \ldots, n)$$

lautet.

Existenz- und Eindeutigkeitssätze für beliebige Systeme (1.23) gibt es nicht. Es ist schon sehr schwierig, für bestimmte Funktionenklassen solche Aussagen zu erhalten. In der Praxis wird man aufgrund der Problemstellung mindestens eine Lösung vermuten können und dann ausgehend von einer Näherungslösung diese iterativ verbessern [21]. Bei einer Variablen vereinfacht sich das Problem entscheidend.

Hat man mehr Gleichungen als Unbekannte, so schreibt man dies in der zu (1.15) für $m > n$ analogen Form

(1.24) $F(a, X) = y$

oder in Komponentenschreibweise

(1.25) $f_i(a_1, \ldots, a_n, x_{i1}, \ldots, x_{il}) = y_i \quad (i = 1, \ldots, m)$.

Jetzt muß die Länge des Vektors a der Unbekannten nicht gleich der Anzahl der Spalten von X sein.

So ist z.B. für ein Ausgleichsproblem mit der Funktion $f(\alpha, \beta, \gamma, x) = \alpha + \beta e^{-\gamma x}$ $n = 3$ und $l = 1$, für $f(\alpha, \beta, \gamma, \delta, x_1, x_2) = \alpha e^{-\beta x_1} + \gamma e^{-\delta x_2}$ ist $n = 4$ und $l = 2$ und für $f(a_1, \ldots, a_n, x_1, \ldots, x_{n-1}) = a_n \prod_{i=1}^{n-1} x_i^{a_i}$ ist $l = n - 1$.

An diesen Beispielen sehen wir, daß die Funktionen f_i üblicherweise identisch sind, so daß wir $f = f_i = F$ schreiben können und

(1.26) $\quad \|f(a, X) - y\|_2^2$

zu minimieren haben. Existenz- oder gar Eindeutigkeitssätze erhält man wieder nur für Spezialfälle [14, 67].

Iterationsverfahren für L_p-Normen betrachten wir hier nicht, da sich solche nicht wie im Falle linearer Parameter auf eine Folge diskreter linearer L_2-Approximation bzw. im Fall $p = 1$ auf das Simplexverfahren zurückführen lassen. Außerdem ist für $p > 1$ hier keine Aussage über die Eindeutigkeit der Lösung bekannt. Jedoch geben wir einen allerdings sehr aufwendigen Suchprozeß an, der auf jede L_p-Norm aber auch auf beliebige stetige Funktionale, z.B. auf die L_1-Norm, angewandt werden kann [45, 47].

Ebenfalls betrachten wir für nichtlineare Parameter das Prinzip (1.22) des orthogonalen Ausgleichs nicht weiter, da der Rechenaufwand für ein wie in [69] geschildertes Iterationsverfahren ziemlich hoch ist.

Soweit unsere Zielsetzungen. In jedem Kapitel werden nach einer ausführlicheren, sich aber auf das Wesentliche beschränkenden Beschreibung der mathematischen Methoden die entsprechenden Subroutinen und die Bedeutung ihrer Parameter beschrieben. Die Hauptprogramme werden nur erläutert, falls dies nötig ist; wir setzen ja FORTRAN-Kenntnisse voraus. Da es in FORTRAN keine dynamischen Felder gibt, haben wir der Einfachheit und der Übersichtlichkeit halber in den Hauptprogrammen und Subroutinen stets die gleichen festen Feldlängen angegeben; bei den Subroutinen stehen jedoch in Kommentarkarten stets die DIMENSION-Statements mit den variablen Feldgrenzen, was für eine Übertragung der Programme in Programmiersprachen mit dynamischen Feldern oder bei Abänderungen wichtig ist.

Die in jedem Falle angegebenen Beispiele, bei denen die Eingabe nicht angegeben wird, da sie stets in der Ausgabe erscheint und somit aus den READ-Statements rekonstruiert werden kann, demonstrieren das Funktionieren der Programme, können bei Implementationen als Testbeispiele benutzt werden und sollen die Einsicht in die Brauchbarkeit und Güte der benutzten mathematischen Verfahren vermitteln.

Noch einige Bemerkungen zur Bezeichnung der Bilder. Graphische Darstellungen werden mit Bi, Unterprogramme mit Ui, Hauptprogramme mit Hi

und zugehörige Ergebnisse mit Ei oder mit E$i.j$ im Falle mehrerer Beispiele bezeichnet. Der Index i läuft jeweils unabhängig. Da zu jedem Hauptprogramm Ergebnisse angegeben werden, korrespondieren H- und E-Bilder mit gleichem i.

2. Lineare Gleichungssysteme und diskrete lineare L_2-Approximation (Regressionsanalyse)

2.1 Lösung linearer Gleichungssysteme

Das wohl bekannteste und beste Verfahren zur Lösung linearer Gleichungssysteme

(2.1.1) $\quad A x = b$

mit quadratischer, nichtsingulärer, nichtstrukturierter Koeffizientenmatrix ist die Gaußsche Elimination mit Pivotsuche über Spalten, eventuell mit vorheriger Skalierung der Matrix und eventuell mit iterativer Verbesserung der zunächst gefundenen Lösung [32]. Im Prinzip werden drei Schritte durchgeführt:

Schritt 1: Nach eventueller Skalierung der Matrix, wobei alle Elemente etwa in dieselbe Größenordnung gebracht werden, wird A in ein Produkt aus einer oberen und unteren Dreiecksmatrix U und L mit diag $(L) = E$ zerlegt:

(2.1.2) $\quad A = LU$.

Ist A nichtsingulär, so ist diese Zerlegung immer durchführbar, falls Spaltenvertauschungen nach dem jeweils größten Pivotelement vorgenommen werden.

Schritt 2: Das System $Ax = LUx = b$ wird durch Vorwärtselimination

(2.1.3) $\quad L y = b$

und Rückwärtseinsetzung

(2.1.4) $\quad U x = y$

gelöst. Die Lösung der beiden Systeme (2.1.3) und (2.1.4) ist trivial, da die auftretenden Matrizen Dreiecksgestalt haben. Im Falle mehrerer rechter Seiten b kann stets die einmal durchgeführte Zerlegung von A benutzt werden.

Schritt 3: Sei $\bar{x}$ die für eine rechte Seite b in Schritt 2 gefundene Lösung und es gelte $r = b - A\bar{x} \neq 0$. Dann ist

(2.1.5) $\quad x = \bar{x} + e \quad \text{mit} \quad A e = r$

im allgemeinen eine bessere Näherungslösung, da, falls e exakte Lösung in (2.15) wäre, gilt

$$A x = A(\bar{x}+e) = A\bar{x}+r = b.$$

Bei der Lösung des Gleichungssystems $Ae=r$ in (2.1.5) kann wieder die bereits erhaltene Zerlegung von A aus Schritt 1 benutzt werden. Das Verfahren kann mit der jeweils neuesten Lösung solange wiederholt werden, bis die Norm $\|r\|_2$ des Residuums r nicht mehr kleiner wird. Wesentlich für die Konvergenz und tatsächliche Verbesserung der Lösung ist, daß die Berechnung von $r = Ax - b$ in doppelter Genauigkeit ausgeführt wird.

Ausführlich sind diese Schritte in [32] erläutert und dort sind auch Programme in ALGOL, FORTRAN und PL/I angegeben, die wie beschrieben arbeiten.

Verzichtet man auf die Skalierung, die sowieso nicht in irgendeinem Sinne optimal gestaltet werden kann [32, 57], läßt die iterative Verbesserung weg, was insbesondere dann vertreten werden kann, wenn die Lösung des linearen Gleichungssystems wie etwa beim Newtonschen Verfahren für nichtlineare Gleichungssysteme [21] nur eine bessere Näherung in einem Iterationsverfahren liefern soll, versucht man schließlich den benötigten Speicherplatz klein zu halten und die speziellen Eigenschaften von FORTRAN (spaltenweise Speicherung von zwei- und mehrdimensionalen Feldern) zu berücksichtigen [57], so kommt einer der Autoren von [32], zu folgenden beiden Programmen [58] DECOMP und SOLVE, die die Schritte 1 und 2 durchführen und in den Bildern U1 und U2 wiedergegeben sind.

Bild U1

```
      SUBROUTINE DECOMP (N,A,IP)
C
C     DREIECKSZERLEGUNG EINER MATRIX A.
C
C     WIRD IP(N)=0 GESETZT, SO IST A SINGULAER.
C     A WIRD ZERSTOERT.
C     DET(A)=IP(N)*A(1,1)*A(2,2)*...*A(N,N)
C
C
      DIMENSION A(N,N), IP(N)
      DIMENSION A(10,10),IP(10)
      IP(N)=1
      DO 6 K=1,N
          IF(K.EQ.N) GOTO 5
          K1=K+1
          M=K
          DO 1 I=K1,N
              IF(ABS(A(I,K)).GT.ABS(A(M,K))) M=I
```

2.1 Lösung linearer Gleichungssysteme

```
      1         CONTINUE
                IP(K)=M
                IF(M.NE.K) IP(N)= - IP(N)
                T=A(M,K)
                A(M,K)=A(K,K)
                A(K,K)=T
                IF(T.EQ.0.) GOTO 5
                T=1./T
                DO 2 I=K1,N
                     A(I,K)= - A(I,K)*T
      2         CONTINUE
                DO 4 J=K1,N
                     T=A(M,J)
                     A(M,J)=A(K,J)
                     A(K,J)=T
                     IF(T.EQ.0.) GOTO 4
                     DO 3 I=K1,N
                          A(I,J)=A(I,J)+A(I,K)*T
      3              CONTINUE
      4         CONTINUE
      5         IF(A(K,K).EQ.0.) IP(N)=0
      6 CONTINUE
        RETURN
        END
```

Bild U 1

Bild U 2

```
        SUBROUTINE SOLVE (N,A,B,IP)
C
C     LOESUNG DES LINEAREN GLEICHUNGSSYSTEMS A*X=B.
C
C     A ENTHAELT DIE DREIECKSZERLEGUNG UND IP DEN
C     PIVOT-VEKTOR AUS DECOMP.
C
C     DIE LOESUNG X WIRD NACH B GESPEICHERT.
C
C
        DIMENSION A(N,N),   B(N), IP(N)
        DIMENSION A(10,10),B(10),IP(10)
        IF(IP(N).EQ.0) RETURN
        IF(N.EQ.1) GOTO 6
        N1=N-1
        DO 2 K=1,N1
             K1=K+1
             M=IP(K)
             T=B(M)
             B(M)=B(K)
             B(K)=T
             DO 1 I=K1,N
                  B(I)=B(I)+A(I,K)*T
      1      CONTINUE
      2 CONTINUE
        DO 5 J=1,N1
             J1=N-J
             K=J1+1
             B(K)=B(K)/A(K,K)
             T= - B(K)
             DO 4 I=1,J1
                  B(I)=B(I)+A(I,K)*T
```

```
4       CONTINUE
5 CONTINUE
6 B(1)=B(1)/A(1,1)
  RETURN
  END
```

Bild U 2

In DECOMP wird die Zerlegung von A in L und U nach A selbst gespeichert; A wird also überschrieben. N bedeutet die Kantenlänge der (quadratischen) Matrix A. Der Vektor IP speichert die Information über die Reihenfolge der Pivotelemente, d. h. Spaltenvertauschungen. Ist A numerisch singulär, d. h. das größte Pivotelement auf einem speziellen Computer gleich Null, so wird IP(N) = 0 gesetzt.

Werden die so gefüllten Felder für A und IP an SOLVE übergeben, so wird dort die Lösung x des Systems $Ax = b$ mit der rechten Seite b gemäß (2.1.3) und (2.1.4) durchgeführt, falls IP(N) $\neq$ 0 war. Die Lösung x wird nach B gespeichert und somit die gegebene rechte Seite überschrieben.

Es ist bereits erwähnt, wann diese Form der Lösung eines linearen Gleichungssystems besonders zweckmäßig ist. Wir werden sie in den Kapiteln 4 und 5 jeweils als Bestandteil von Iterationsverfahren benutzen.

Will man ein lineares Gleichungssystem als solches, eventuell mit mehreren rechten Seiten, an sich lösen, so ist die im folgenden Abschnitt beschriebene Routine LLSQ unter Umständen günstiger, da sie nach denselben Prinzipien arbeitet, aber den Schritt 3 der iterativen Verbesserung beinhaltet. Die iterative Verbesserung wird allerdings erfordern, daß A nicht überschrieben wird, was für große N Speicherplatzprobleme bringt. Auch in LLSQ wird die Skalierung nicht angewandt.

2.2 Lösung überbestimmter linearer Gleichungssysteme im Sinne der kleinsten Quadrate ohne und mit linearen Nebenbedingungen

Die in Kapitel 1 geschilderte Problemstellung der diskreten L_2-Approximation, also die Minimierung von

$$\|Ax - b\|_2$$

verallgemeinern wir jetzt. Dazu spalten wir A und b in Teilmatrizen bzw. -vektoren auf:

(2.2.1) $\quad A = \begin{pmatrix} A_1 \\ A_2 \end{pmatrix}, \quad b = \begin{pmatrix} b_1 \\ b_2 \end{pmatrix}.$

Hierbei ist A_1 vom Typ (m_1, n) und A_2 vom Typ (m_2, n) mit $m_1 + m_2 = m$.

2.2 Lösung überbestimmter linearer Gleichungssysteme im Sinne der kleinsten Quadrate ...

Die Teilvektoren b_1 und b_2 haben entsprechend die Länge m_1 und m_2. Zusätzlich zu der früher gestellten Forderung

(2.2.2) $\operatorname{rang}(A) = n \leq m$

fordern wir

(2.2.3) $\operatorname{rang}(A_1) = m_1 \leq n$.

Das Problem der diskreten L_2-Approximation mit linearen Nebenbedingungen lautet dann

(2.2.4) Minimiere $\|A_2 x - b_2\|_2$

unter den

(2.2.5) Nebenbedingungen $A_1 x = b_1$,

d. h. ein Vektor x der Länge n ist zu suchen, der das Gleichungssystem (2.2.5) erfüllt und (2.2.4) minimiert.

Die Probleme (1.7) des linearen Gleichungssystems mit quadratischer Matrix A und (1.9) der Methode der kleinsten Quadrate sind für $m_1 = 0$ und $m = n$ bzw. $m_1 = 0$ und $m > n$ in obiger Formulierung enthalten.

Das durch (2.2.4) und (2.2.5) beschriebene Problem löst man mit der Methode der Lagrangeschen Multiplikatoren [28], indem man mit einem Vektor λ der Länge m_1 die Lagrangesche Funktion

$$F(x, \lambda) = \|A_2 x - b_2\|_2^2 + 2(A_1 x - b_1)^T \lambda$$

ansetzt und diese nach x und λ differenziert.

Man erhält in diesem Fall mit

(2.2.6) $\begin{aligned} A_2^T (b_2 - A_2 x) + A_1^T \lambda &= 0, \\ A_1 x - b_1 &= 0 \end{aligned}$

ein System von notwendigen und hinreichenden Bedingungen zur Gewinnung von x und λ.

Will man bei der Lösung von (2.2.6) die Residuen $r = b_2 - A_2 x$ iterativ verkleinern und somit die Lösung x verbessern, so schreibt man (2.2.6) in der Form

(2.2.7) $\begin{aligned} A_1 x &= b_1, \\ r + A_2 x &= b_2, \\ A_1^T \lambda + A_2^T r &= 0. \end{aligned}$

Mit den Abkürzungen

$$B = \begin{pmatrix} 0 & 0 & A_1 \\ 0 & E & A_2 \\ A_1^T & A_2^T & 0 \end{pmatrix}, \quad y = \begin{pmatrix} \lambda \\ r \\ x \end{pmatrix}, \quad c = \begin{pmatrix} b_1 \\ b_2 \\ 0 \end{pmatrix},$$

erhält man für (2.2.7) das System

(2.2.8) $\quad By = c$.

Dieses wird nun [10], ausgehend von $y^{(0)} = 0$ mit folgender Iteration gelöst:

(2.2.9) $\quad r^{(t)} = c - B y^{(t)}$,

(2.2.10) $\quad \Delta y^{(t)} = B^{-1} r^{(t)}$,

(2.2.11) $\quad y^{(t+1)} = y^{(t)} + \Delta y^{(t)}$.

Für die Konvergenz der iterativen Verbesserung ist erforderlich, daß in (2.2.9) das Produkt $B y^{(t)}$ mit im Vergleich zu den anderen numerischen Operationen mit doppelter Genauigkeit gebildet wird [10]. Es kann gezeigt werden [9], daß die iterative Verbesserung mit doppelter Genauigkeit der vollständigen Rechnung mit doppelter Genauigkeit gleichwertig ist, was bei ihrer Anwendung im Falle mehrerer rechter Seiten Speicherplatz- und Rechenzeitersparnis bedeutet. An (2.2.9) sieht man, daß die Ausgangsmatrix B, also im wesentlichen A, stets in der ursprünglichen Form benötigt wird und also nicht überschrieben werden darf.

Die wiederholte Lösung von (2.2.10) wird mit einer geeigneten einmaligen Zerlegung wie folgt erledigt. Zunächst werden die Spalten von A und damit die von A_1 und A_2 so permutiert, daß die ersten m_1 Spalten von A_1 linear unabhängig sind. Wegen der Voraussetzung (2.2.2) ist dies erreichbar. Dann werden der Reihe nach orthogonale Matrizen Q_{11} und Q_{22} bestimmt, die B auf die Gestalt

(2.2.12) $\quad \begin{pmatrix} 0 & 0 & Q_{11}^T & 0 \\ 0 & E & Q_{12}^T & Q_{22}^T \\ Q_{11} & Q_{12} & 0 & 0 \\ 0 & Q_{22} & 0 & 0 \end{pmatrix}$

transformieren. Q_{11} und Q_{22} transformieren gewisse Matrizen [10] auf Dreiecksgestalt; die Matrix Q_{12} hängt von Q_{11}, A_1 und A_2 ab. Wegen der Orthogonalität von Q_{11} und Q_{22}, da also z.B. $Q_{11}^{-1} = Q_{11}^T$ und $(Q_{11}^T)^{-1} = Q_{11}$ gilt, ist das transformierte System blockweise lösbar.

Die dem geschilderten Verfahren entsprechende Programmfolge, die auf einem in [10] in ALGOL publizierten Programm beruht, arbeitet wie folgt. Die Routine LLSQ aus Bild U3 enthält alle wesentlichen Parameter und steuert den Aufruf von ZERLEG und LOESIT aus den Bildern U4 und U5 für mehrere rechte Seiten b.

2.2 Lösung überbestimmter linearer Gleichungssysteme im Sinne der kleinsten Quadrate ...

Bild U 3

```
      SUBROUTINE LLSQ (M1,M,N,A,L,B,X,RES,IS)
C
C     EIN UEBERBESTIMMTES LINEARES GLEICHUNGSSYSTEM
C                    A(M,N)*X(N,L)=B(M,L)
C     MIT EINER ODER MEHREREN RECHTEN SEITEN (N<=M, L>=1),
C     DESSEN ERSTE M1 (M1<=N) GLEICHUNGEN EXAKT ERFUELLT
C     SEIN SOLLEN, WIRD IM SINNE DER KLEINSTEN QUADRATE
C     GELOEST (MIT ITERATIVER VERBESSERUNG DER LOESUNG)
C     UND DIE RESIDUEN WERDEN, FALLS IS=0, NACH
C     RES(M1+1:M,L) GESPEICHERT.
C
C     IST RANG(A(M,N))<N ODER RANG(A(M1,N))<M1,SO EXISTIERT
C     KEINE LOESUNG UND ES WIRD IS=1 GESETZT.
C     IST A SO SCHLECHT KONDITIONIERT, DASS DIE ITERATIVE
C     VERBESSERUNG (BERECHNUNG DER RESIDUEN MIT DOPPELTER
C     GENAUIGKEIT; EINFACHE GENAUIGKEIT ETA MIT 1.+ETA=1.)
C     NICHT KONVERGIERT, SO WIRD IS=2 GESETZT.
C
C
C     VORAUSSETZUNGEN FUER DIESE IMPLEMENTATION:
C     1<=M<=50, 1<=N<=10 (N<=M), 0<=M1<=N<=10, 1<=L<=5.
C
C
C     VERWENDUNGSMOEGLICHKEITEN:
C
C     1. BESCHRIEBENER FALL (M1>0)
C     2. M1=0: METHODE DER KLEINSTEN QUADRATE
C              FUER EIN UEBERBESTIMMTES SYSTEM
C              MIT EINER ODER MEHREREN RECHTEN SEITEN
C     3. M1=0,M=N: LOESUNG EINES LINEAREN GLEICHUNGS-
C                  SYSTEMS MIT EINER ODER MEHREREN RECHTEN
C                  SEITEN
C     4. M1=0,M=N=L,B(N,N) EINHEITSMATRIX: INVERSION
C                  EINER QUADRATISCHEN MATRIX
C
C
C     DIMENSION A(M,N),  B(M,L),  X(N,L),  RES(M1+1:M,L)
      DIMENSION A(50,10),B(50,10),X(10,10),RES(50,10)
C
C     DIMENSION QR(M,N),  XV(N), RESV(M), AL(N), AH(M) ,IP(N), C(N)
      DIMENSION QR(50,10),XV(10),RESV(50),AL(10),AH(50),IP(10),C(10)
      ETA=5.E-7
      M2=M1+1
      DO 2 J=1,N
          DO 1 I=1,M
              QR(I,J)=A(I,J)
    1     CONTINUE
    2 CONTINUE
C
      CALL ZERLEG (M1,M,N,ETA,QR,AL,IP,C,IS)
C
      IF(IS.EQ.1) RETURN
      DO 6 K=1,L
          DO 3 I=1,M
              AH(I)=B(I,K)
    3     CONTINUE
C
          CALL LOESIT (M1,M,N,A,QR,AL,IP,C,AH,ETA,XV,RESV,IS)
```

```
C
              DO 4 J=1,N
                  X(J,K)=XV(J)
      4       CONTINUE
              IF(M2.GT.M) GOTO 6
              DO 5 I=M2,M
                  RES(I,K)=RESV(I)
      5       CONTINUE
      6 CONTINUE
        RETURN
        END
```

Bild U 3

Bild U 4

```
        SUBROUTINE ZERLEG (M1,M,N,ETA,QR,AL,IP,C,IS)
C       DIMENSION QR(M,N),   AL(N),   IP(N),  SUM(N), C(N)
        DIMENSION QR(50,10),AL(10),IP(10),SUM(10),C(10)
        LOGICAL    FSUM
        MR=M1
        FSUM=.TRUE.
        DO 1 J=1,N
            IP(J)=J
      1 CONTINUE
        M2=M1+1
        DO 22 K=1,N
            IF(K.NE.M2) GOTO 2
            FSUM=.TRUE.
            MR=M
      2     IF(.NOT.FSUM) GOTO 6
      3     DO 5 J=K,N
                IF(K.GT.MR) GOTO 5
                SS=0.
                DO 4 I=K,MR
                    T=QR(I,J)
                    SS=SS+T*T
      4         CONTINUE
                SUM(J)=SS
      5     CONTINUE
      6     SI=SUM(K)
            JB=K
            K1=K+1
            IF(K1.GT.N) GOTO 8
            DO 7 J=K1,N
                IF(SI.GE.SUM(J)) GOTO 7
                SI=SUM(J)
                JB=J
      7     CONTINUE
      8     IF(FSUM) SMAX=SI
            FSUM=SI.LT.ETA*SMAX
            IF(FSUM) GOTO 3
            IF(JB.EQ.K) GOTO 10
            I=IP(K)
            IP(K)=IP(JB)
            IP(JB)=I
            SUM(JB)=SUM(K)
            DO 9 I=1,M
                SI=QR(I,K)
                QR(I,K)=QR(I,JB)
                QR(I,JB)=SI
```

```
       9    CONTINUE
      10    SI=0.
            IF(K.GT.MR) GOTO 12
            DO 11 I=K,MR
                  T=QR(I,K)
                  SI=SI+T*T
      11    CONTINUE
      12    SUM(K)=SI
            IS=1
            IF(SI.EQ.0.) RETURN
            IS=0
            QRK=QR(K,K)
            ALK=SQRT(SI)
            IF(QRK.GE.0.) ALK= - ALK
            AL(K)=ALK
            QR(K,K)=QRK-ALK
            BE=ALK*QR(K,K)
            C(K)=BE
            IF(K1.GT.N) GOTO 17
            DO 16 J=K1,N
                  Y=0.
                  IF(K.GT.MR) GOTO 15
                  DO 13 I=K,MR
                        Y=Y+QR(I,K)*QR(I,J)
      13          CONTINUE
                  Y=Y/BE
                  DO 14 I=K,MR
                        QR(I,J)=QR(I,J)+Y*QR(I,K)
      14          CONTINUE
      15          T=QR(K,J)
                  SUM(J)=SUM(J)-T*T
      16    CONTINUE
      17    IF(K.NE.M1.OR.M2.GT.M) GOTO 22
            DO 21 J=M2,M
                  DO 20 L=1,N
                        MR=M1
                        IF(L.LE.M1) MR=L-1
                        Y= - QR(J,L)
                        IF(MR.EQ.0) GOTO 19
                        DO 18 I=1,MR
                              Y=Y+QR(I,L)*QR(J,I)
      18                CONTINUE
      19                Y= - Y
                        IF(L.LE.M1) Y=Y/AL(K)
                        QR(J,L)=Y
      20          CONTINUE
      21    CONTINUE
      22 CONTINUE
         RETURN
         END
```

Bild U 4

Bild U 5

```
         SUBROUTINE LOESIT (M1,M,N,A,QR,AL,IP,C,AH,ETA,X,RES,IL)
C
C        DIMENSION A(M,N),  QR(M,N),  AL(N), IP(N), C(N), AH(M)
         DIMENSION A(50,10),QR(50,10),AL(10),IP(10),C(10),AH(50)
C        DIMENSION X(N),  RES(M), F(M), G(N)
         DIMENSION X(10), RES(50),F(50),G(10)
```

```
C
      DOUBLE PRECISION TT
      N1=N+1
      M2=M1+1
      NM=M2+N
      DX1=0.
      DX2=0.
      DR1=0.
      DR2=0.
      RN=0.
      XN=0.
      ETA2=ETA*ETA
      DO 1 J=1,N
        X(J)=0.
        G(J)=0.
    1 CONTINUE
      DO 2 I=1,M
        RES(I)=0.
        F(I)=AH(I)
    2 CONTINUE
      K= - 1
    3 K=K+1
      IF(K.GT.1.AND..NOT.
     *  ((64.*DX2.LT.DX1.AND.DX2.GT.ETA2*XN).OR.
     *   (64.*DR2.LT.DR1.AND.DR2.GT.ETA2*RN)))  GOTO 37
      DX1=DX2
      DR1=DR2
      DX2=0.
      DR2=0.
      IF(K.EQ.0) GOTO 11
      DO 4 I=1,M
        RES(I)=RES(I)+F(I)
    4 CONTINUE
      DO 8 L=1,N
        J=IP(L)
        X(J)=X(J)+G(L)
        TT=0D0
        DO 5 I=1,M
          TT=TT+DBLE(A(I,J))*DBLE(RES(I))
    5   CONTINUE
        T= - TT
        G(L)=T
        T= - T
        IF(L.LE.1) GOTO 7
        L1=L-1
        DO 6 I=1,L1
          T=T+QR(I,L)*G(I)
    6   CONTINUE
    7   G(L)= - T/AL(L)
    8 CONTINUE
      DO 10 I=1,M
        TT=0D0
        IF(I.GT.M1) TT=DBLE(RES(I))
        DO 9 J=1,N
          TT=TT+DBLE(A(I,J))*DBLE(X(J))
    9   CONTINUE
        TT= - TT + DBLE(AH(I))
        F(I)=TT
   10 CONTINUE
```

```
   11 IF(M1.EQ.0) GOTO 17
      DO 14 L=1,M1
         T=0.
         DO 12 I=L,M1
            T=T+QR(I,L)*F(I)
   12    CONTINUE
         T=T/C(L)
         DO 13 I=L,M1
            F(I)=F(I)+T*QR(I,L)
   13    CONTINUE
   14 CONTINUE
      IF(M2.GT.M) GOTO 17
      DO 16 I=M2,M
         T= - F(I)
         DO 15 L=1,M1
            T=T+QR(I,L)*F(L)
   15    CONTINUE
         F(I)= - T
   16 CONTINUE
   17 IF(M2.GT.N) GOTO 21
      DO 20 L=M2,N
         T=0.
         DO 18 I=L,M
            T=T+QR(I,L)*F(I)
   18    CONTINUE
         T=T/C(L)
         DO 19 I=L,M
            F(I)=F(I)+T*QR(I,L)
   19    CONTINUE
   20 CONTINUE
   21 DO 22 I=1,N
         T=F(I)
         F(I)=G(I)
         IF(I.GT.M1) T=T-G(I)
         G(I)=T
   22 CONTINUE
      DO 25 LL=1,N
         L=N1-LL
         T= - G(L)
         IF(L.EQ.N) GOTO 24
         L1=L+1
         DO 23 I=L1,N
            T=T+QR(L,I)*G(I)
   23    CONTINUE
   24    T= - T/AL(L)
         G(L)=T
         DX2=DX2+T*T
   25 CONTINUE
      IF(M2.GT.N) GOTO 29
      DO 28 LL=M2,N
         L=NM-LL
         T=0.
         DO 26 I=L,M
            T=T+QR(I,L)*F(I)
   26    CONTINUE
         T=T/C(L)
         DO 27 I=L,M
            F(I)=F(I)+T*QR(I,L)
   27    CONTINUE
```

```
   28 CONTINUE
   29 IF(M1.LE.0) GOTO 35
      DO 31 L=1,M1
         T= - F(L)
         DO 30 I=M2,M
            T=T+QR(I,L)*F(I)
   30    CONTINUE
         F(L)= - T
   31 CONTINUE
      DO 34 LL=1,M1
         L=M2-LL
         T=0.
         DO 32 I=L,M1
            T=T+QR(I,L)*F(I)
   32    CONTINUE
         T=T/C(L)
         DO 33 I=L,M1
            F(I)=F(I)+T*QR(I,L)
   33    CONTINUE
   34 CONTINUE
   35 DO 36 I=1,M
         T=F(I)
         DR2=DR2+T*T
   36 CONTINUE
      IF(K.NE.0) GOTO 3
      XN=DX2
      RN=DR2
      GOTO 3
   37 IL=0
      IF(DR2.GT.4.*ETA2*RN.AND.
     *   DX2.GT.4.*ETA2*XN) IL=2
      RETURN
      END
```

Bild U 5

In LLSQ ist nämlich eine ganze Matrix B (M, L) vom Typ (m, l) als Satz von rechten Seiten in (2.2.7) zugelassen. Entsprechend sind die verschiedenen Lösungsvektoren in eine Matrix X(N, L) vom Typ (n, l) zusammengefaßt. In die Matrix RES (M1 + 1 : M, L) vom Typ (m_2, l) werden die verschiedenen Residuenvektoren r gespeichert. Falls IS = 0 ist, war LLSQ erfolgreich. Für IS = 1 ist in ZERLEG eine Verletzung der Bedingung (2.2.2) oder (2.2.3) im numerischen Sinn festgestellt worden. Für IS = 2 war die iterative Verbesserung der ersten Lösung in LOESIT nicht im Sinne der in [9, 10] detailliert beschriebenen Abfrage erfolgreich, was i. a. bedeutet, daß die Matrix eine schlechte Kondition [10, 32] hat, was aber nicht bedeuten muß, daß die Lösung unbrauchbar ist (siehe auch E1.5).
In der Subroutine ZERLEG wird die Transformation von B auf (2.2.12) durchgeführt; in LOESIT werden dann die Schritte (2.2.9), (2.2.10) und (2.2.11) wiederholt durchlaufen. Parameter, die in den Argumentlisten von ZERLEG oder LOESIT und nicht in LLSQ auftreten, bezeichnen Hilfsvariablen und -felder. Im Fall der Lösung eines linearen Gleichungssystems (M = N) kann die Berechnung der Residuen RES unterdrückt werden, indem man M1 = N setzt.

2.2 Lösung überbestimmter linearer Gleichungssysteme im Sinne der kleinsten Quadrate

Die geforderte Berechnung von $B y^{(t)}$ in (2.2.9) mit doppelter Genauigkeit, die im wesentlichen auf die Berechnung mehrerer Skalarprodukte

$$S = \sum_{k=1}^{n} p_k \, q_k$$

hinausläuft, wird wie folgt gelöst.

Eine Variable S wird doppelt genau, d. h. mit dem DOUBLE PRECISION Statement vereinbart. Dann bewirkt die Statementfolge

```
      S = 0.
      DO 1  K = 1,N
         S = S + DBLE (P(K)) * DBLE (Q(K))
    1 CONTINUE
```

den gewünschten Effekt, da die eingebaute FORTRAN-Funktion DBLE ihre jeweiligen Argumente auf doppelte Genauigkeit erweitert und zur doppeltgenauen Größe S somit das doppeltgenaue Produkt der beiden einfachgenauen Größen P(K) und Q(K) addiert wird.

Vom Hauptprogramm in Bild H1 erwarten wir, daß es ohne weitere Erklärung verstanden werden kann. Ist M = N = L, so muß, falls B die Einheitsmatrix sein soll, diese für INV $\neq$ 0 nicht gelesen werden, sondern wird im Programm gesetzt.

Um die verschiedenen Anwendungsmöglichkeiten von LLSQ und des Hauptprogramms H1 zu zeigen, betrachten wir jetzt einige einfachere Beispiele. Auf größere Fälle für den Fall des Ausgleichs im Sinne der kleinsten Quadrate werden wir im nächsten Abschnitt kommen.

Bild H 1

```
C
C       DISKRETE L2-APPROXIMATION (REGRESSIONSANALYSE)
C          (MIT ODER OHNE LINEARE NEBENBEDINGUNGEN),
C       LOESUNG LINEARER GLEICHUNGSSYSTEME,
C       MATRIXINVERSION (SIEHE BESCHREIBUNG VON LLSQ)
C
        DIMENSION A(50,10),B(50,10),X(10,10),RES(50,10)
        KI=5
        KO=6
      1 READ(KI,2) M,N,M1,L,INV
        IF(M.LE.0.OR.M.GT.50.OR.N.GT.M.OR.N.LE.0.OR.L.GT.10.OR.
       *    N.GT.10.OR.M1.LT.0.OR.M1.GT.N.OR.L.LE.0) STOP
      2 FORMAT(5I5)
        WRITE(KO,3) M,N,M1,L,INV
      3 FORMAT('1',1X,'M=',I2,' N=',I2,' M1=',I2,
       *     ' L=',I2,' INV=',I1)
        WRITE(KO,4)
      4 FORMAT('0')
        DO 5 I=1,M
            READ(KI,6) (A(I,J),J=1,N)
      5 CONTINUE
```

```
      6 FORMAT(16F5.0)
        IF(INV.NE.0) GOTO 8
        DO 7 J=1,L
              READ(KI,6) (B(I,J),I=1,M)
      7 CONTINUE
        GOTO 11
      8 IF(M.NE.N) STOP
        DO 10 I=1,N
              DO 9 J=1,N
                  T=0.
                  IF(I.EQ.J) T=1.
                  B(I,J)=T
      9       CONTINUE
     10 CONTINUE
C
     11 CALL LLSQ (M1,M,N,A,L,B,X,RES,IS)
C
        DO 12 I=1,M
              IF(INV.EQ.0) WRITE(KO,13) (A(I,J),J=1,N),
     *                                  (B(I,K),K=1,L)
              IF(INV.NE.0) WRITE(KO,13) (A(I,J),J=1,N)
     12 CONTINUE
     13 FORMAT(1X,10F8.1)
        WRITE(KO,14) IS
     14 FORMAT('0','IS=',I1)
        IF(IS.EQ.1) GOTO 1
        WRITE(KO,4)
        DO 15 I=1,L
              WRITE(KO,16) (X(J,I),J=1,N)
     15 CONTINUE
     16 FORMAT(1X,10F13.6)
        M2=M1+1
        IF(M2.GT.M) GOTO 1
        WRITE(KO,4)
        DO 17 I=1,L
              WRITE(KO,18) (RES(J,I),J=M2,M)
     17 CONTINUE
     18 FORMAT(3X,10E13.5)
        GOTO 1
        END
```

Bild H 1

In Bild E1.1 ist das Beispiel eines linearen Gleichungssystems der Kantenlänge 4 und einer rechten Seite angegeben. Obwohl die Matrix schlecht konditioniert ist [27], sind alle Dezimalstellen der numerischen Lösung korrekt.

2.2 Lösung überbestimmter linearer Gleichungssysteme im Sinne der kleinsten Quadrate ... 33

```
M= 4  N= 4  M1= 0  L= 1  INV=0

      5.0         7.0         6.0         5.0        23.0
      7.0        10.0         8.0         7.0        32.0
      6.0         8.0        10.0         9.0        33.0
      5.0         7.0         9.0        10.0        31.0
IS=0

      1.000000    1.000000    1.000000    1.000000

      0.0         0.0         0.0         0.0
```

Bild E 1.1

In Bild E1.2 wird die Inverse einer außergewöhnlich schlecht konditionierten Matrix [6] berechnet. Hätte man M1 = 6 gesetzt, so wäre Berechnung und Ausdruck der Residuen unterblieben.

```
M= 6  N= 6  M1= 0  L= 6  INV=1

    -74.0        80.0        18.0       -11.0        -4.0        -8.0
     14.0       -69.0        21.0        28.0         0.0         7.0
     66.0       -72.0        -5.0         7.0         1.0         4.0
    -12.0        66.0       -30.0       -23.0         3.0        -3.0
      3.0         8.0        -7.0        -4.0         1.0         0.0
      4.0       -12.0         4.0         4.0         0.0         1.0
IS=0

      1.000000      0.000000     -2.000000     14.999999     43.000000    -56.000000
      0.000000      1.000000      2.000000    -11.999999    -42.000000     52.000000
     -6.999999      7.000000     29.000000   -191.999985   -600.000000    764.000000
    -40.000000     35.000000    154.999985  -1034.000000  -3210.999756   4096.000000
    130.999985   -111.999985   -502.000000   3353.999756  10406.000000 -13276.000000
    -84.000000     70.000000    319.000000  -2129.999756  -6595.000000   8421.000000

      0.0         0.0         0.0         0.0         0.0         0.0
      0.0         0.0         0.0         0.0         0.0         0.0
      0.0         0.0         0.0         0.0         0.0         0.0
      0.0         0.0         0.0         0.0         0.0         0.0
      0.0         0.0         0.0         0.0         0.0         0.0
      0.0         0.0         0.0         0.0         0.0         0.0
```

Bild E 1.2

Das dritte Beispiel aus E1.3 stammt ebenfalls aus [6]. Es handelt sich um ein Ausgleichsproblem mit drei rechten Seiten und einer Koeffizientenmatrix, die aus den ersten fünf Spalten der Matrix aus E1.2 besteht. Die zweite rechte Seite ist zu den Spalten der Koeffizientenmatrix orthogonal; die dritte rechte Seite ist Summe der beiden ersten rechten Seiten.

```
M= 6  N= 5  M1= 0  L= 3  INV=0

      -74.0      80.0      18.0     -11.0      -4.0      51.0       56.0        5.0
       14.0     -69.0      21.0      28.0       0.0     -61.0      -52.0        9.0
       66.0     -72.0      -5.0       7.0       1.0     -56.0     -764.0     -708.0
      -12.0      66.0     -30.0     -23.0       3.0      69.0    -4096.0    -4165.0
        3.0       8.0      -7.0      -4.0       1.0      10.0    13276.0    13266.0
        4.0     -12.0       4.0       4.0       0.0     -12.0    -8421.0    -8409.0

IS=0

        1.000000    1.999999   -1.000000    2.999999   -3.999999
        0.000000    0.000000   -0.000000    0.000000   -0.000000
       -0.999999   -1.999999    1.000000   -2.999999    3.999999

        0.79407E-14 -0.73415E-14 -0.10818E-12 -0.58001E-12  0.18800E-11 -0.11925E-11
        0.56000E 02 -0.52000E 02 -0.76400E 03 -0.40960E 04  0.13276E 05 -0.84210E 04
        0.56000E 02 -0.52000E 02 -0.76400E 03 -0.40960E 04  0.13276E 05 -0.84210E 04
```

Bild E 1.3

In Bild E1.4 wird ein Ausgleichsproblem mit einer Nebenbedingung und drei rechten Seiten, in Bild E1.5 ein solches mit zwei Nebenbedingungen und zwei rechten Seiten angegeben. In Bild E1.5 hat zwar die iterative Verbesserung, da IS = 2, im Sinne der Abfrage versagt, und die Residuen sind deswegen unkorrekt, aber die erhaltene Lösung ist recht gut, wie man durch Einsetzen feststellt. Beispiel E1.4 kann man als Ausgleichsgeraden in der Ebene deuten, die durch den Punkt (1, 1) verlaufen.

```
M= 3  N= 2  M1= 1  L= 3  INV=0

         1.0      1.0      1.0      1.0      1.0
         2.0      1.0      3.0      3.0      3.0
         3.0      1.0      2.0      1.0      0.0

IS=0

         0.800000    0.200000
         0.400000    0.600000
        -0.000000    1.000000

         0.12000E 01 -0.60000E 00
         0.16000E 01 -0.80000E 00
         0.20000E 01 -0.10000E 01
```

Bild E 1.4

```
M= 7  N= 3  M1= 2  L= 2  INV=0

       1.0     2.0     3.0     6.0     7.0
       0.0    -1.0     1.0     0.0     3.0
       1.0     2.0     1.0     4.0     5.0
       3.0     7.0    -9.0     1.0     5.0
       9.0     6.0    -7.0     8.0     1.0
      -1.0     3.0     0.0     2.0     8.0
       5.0     5.0    -7.0     3.0     6.0

IS=2


      -1.152942      1.430589      1.430589
      -3.670591      0.334119      3.334121


   0.51529E 01  -0.31306E 02  -0.10235E 02  -0.34447E 01  -0.18416E 02
   0.14671E 02  -0.46341E 02  -0.14647E 02   0.33270E 01  -0.23995E 02
```

Bild E 1.5

2.3 Variablenauswahl bei der Regression

Ähnlich wie in Kapitel 1 wechseln wir jetzt, da wir nur die diskrete L_2-Approximation betrachten, die Bezeichnungen. Wir gehen von einer gegebenen Datenmatrix $X = (x_{ik})\,(i = 1, \ldots, m;\, k = 1, \ldots, n)$ und einem Vektor $y = (y_1, \ldots, y_m)$ aus. Unser früheres Ziel war es, die n Koeffizienten eines linearen Ansatzes

(2.3.1) $\qquad y = f(a, x) = \sum_{k=1}^{n} a_k x_k$

mit Variablen $x_1, \ldots, x_n$ so zu bestimmen, daß

(2.3.2) $\qquad \|y - Xa\|_2$

minimal wird.

Bei in der Praxis gegebenen Datenmatrizen X ist es nun keineswegs klar, daß der lineare Ansatz (2.3.1) überhaupt und gleich für alle den Spalten von X entsprechenden Variablen x_k sinnvoll ist.

Den größten Überblick erhält man, wenn man für $l = 1, \ldots, n$ alle $\binom{n}{l}$ möglichen Kombinationen von Variablen zuläßt und für ein festes l stets diejenige Kombination betrachtet, die die kleinste Fehlerquadratsumme ergibt. Geht man enumerativ vor, so sind also

(2.3.3) $\qquad \sum_{l=1}^{n} \binom{n}{l} = 2^n - 1$

Minimierungsaufgaben der Form (2.3.2) bei variierender Spaltenzahl von X zu lösen.

Eine spezielle Kombination von l Elementen von $\{x_1, \ldots, x_n\}$ kennzeichnen wir durch einen Vektor D der Kantenlänge n, dessen i-tes Element eine Eins enthält, falls die i-te Variable gerade in der Kombination ist, und andernfalls gleich Null ist. So sind z. B. für $n = 3$ und $l = 2$ den möglichen Kombinationen $(x_1, x_2), (x_1, x_3)$ und (x_2, x_3) die Vektoren (1, 1, 0), (1, 0, 1) und (0, 1, 1) zugeordnet.

Die im Prinzip aus [8] stammende Subroutine COMB01 aus Bild U6 erzeugt für vorgegebenes $n = $ N beginnend mit dem Vektor D = $(0, 0, \ldots, 0)$ mit $2^n - 1$ Aufrufen der Reihe nach alle Kombinationen D von $l = 1, \ldots, n$ verschiedenen Vektoren von $\{x_1, \ldots, x_n\}$ im beschriebenen Sinn. Dabei muß bei jedem nachfolgenden Aufruf D die Werte des vorangehenden Aufrufs enthalten.

```
      SUBROUTINE COMB01 (N,D)
C
C     BEGINNEND MIT D(1)=...=D(N)=0 PRODUZIERT
C     DIE ROUTINE ALLE 2**N N-ELEMENTIGEN KOMBINATIONEN
C     VON 0 UND 1 IN LEXIKOGRAPHISCHER ORDNUNG.
C     BEI JEDEM FOLGENDEN AUFRUF MUSS D DAS ERGEBNIS
C     DES VORHERIGEN ENTHALTEN
C
C     DIMENSION D(N)
      DIMENSION D(20)
      INTEGER D
      K=1
    1 IF(D(K).NE.0) GOTO 2
      D(K)=1
      GOTO 3
    2 D(K)=0
      K=K+1
      IF(K.LE.N) GOTO 1
    3 RETURN
      END
```

Bild U 6

Die Subroutine COMB01 wird nun im Hauptprogramm H2 dazu benutzt, um mittels LLSQ aus Abschnitt 2.2 alle möglichen $2^n - 1$ Regressionen zu erzeugen. Neben dem Vektor D und der Standardabweichung

(2.3.4) $$\sqrt{\frac{S}{n-l}}$$

anstelle der Fehlerquadratsumme S werden die entsprechenden Koeffizienten a ausgedruckt.

Bild H 2

```
C
C       BERECHNUNG ALLER 2**N-1 REGRESSIONEN (M>N)
C
        DIMENSION X(50,10),Y(50,10),A(10,10),RES(50,10),
       *           ID(10),XX(50,10)
        KI=5
        KO=6
      1 READ(KI,2) M,N
      2 FORMAT(2I5)
        IF(N.LE.0.OR.N.GT.10.OR.M.LE.0.OR.M.GT.50) STOP
        DO 3 I=1,M
            READ(KI,4) (X(I,K),K=1,N)
      3 CONTINUE
      4 FORMAT(16F5.0)
        READ(KI,4) (Y(I,1),I=1,M)
        WRITE(KO,5) M,N
      5 FORMAT('1','M=',I3,'  N=',I2)
        WRITE(KO,6)
      6 FORMAT('0')
        DO 7 I=1,M
            WRITE(KO,8) (X(I,K),K=1,N),Y(I,1)
      7 CONTINUE
      8 FORMAT(1X,11F8.2)
        WRITE(KO,6)
        JJ=2**N
        J=1
        DO 9 K=1,N
            ID(K)=0
      9 CONTINUE
     10 L=0
        J=J+1
        IF(J.GT.JJ) GOTO 1
        CALL COMB01 (N,ID)
        DO 12 K=1,N
            IF(ID(K).EQ.0) GOTO 12
            L=L+1
            DO 11 I=1,M
                XX(I,L)=X(I,K)
     11     CONTINUE
     12 CONTINUE
C
        CALL LLSQ (0,M,L,XX,1,Y,A,RES,IS)
C
        IF(IS.EQ.0) GOTO 14
        WRITE(KO,13) IS,(ID(K),K=1,N)
     13 FORMAT(1X,I2,3X,10I1)
        GOTO 10
     14 S=0.
        DO 16 I=1,M
            H=0.
            DO 15 K=1,L
                H=H+XX(I,K)*A(K,1)
     15     CONTINUE
            H=H-Y(I,1)
            S=S+H*H
```

```
      16 CONTINUE
         S=SQRT(S/FLOAT(M-L))
         WRITE(KO,17) (ID(K),K=1,N)
      17 FORMAT(3X,10I1)
         WRITE(KO,18) S,(A(K,1),K=1,L)
      18 FORMAT('+',14X,F11.4,3X,10F10.4)
         GOTO 10
         END
```

Bild H 2

So bedeutet z. B. das Bild E2.1, daß

$$y = .5509\,x,$$

(2.3.5) $\qquad y = 3.5556,$

$$\text{und}\quad y = -.0500\,x + 3.8056$$

die jeweils optimalen Ergebnisse für den Ausgleich der Punkte $x = (1,2,3,4,5,6,7,8,9)$ und $y = (5,2,3,6,1,2,7,5,1)$ mit den Geradenformen $y = a_1 x$, $y = a_2$ und $y = a_1 x + a_2$ und den Standardabweichungen 2.9050, 2.2423 und 2.3926 darstellen.

```
M=  9   N= 2

    1.00       1.00       5.00
    2.00       1.00       2.00
    3.00       1.00       3.00
    4.00       1.00       6.00
    5.00       1.00       1.00
    6.00       1.00       2.00
    7.00       1.00       7.00
    8.00       1.00       5.00
    9.00       1.00       1.00

   10                    2.9050     0.5509
   01                    2.2423     3.5556
   11                    2.3926    -0.0500     3.8056
```

Bild E 2.1

In Bild E2.2 erkennt man, daß die beste Regression mit einer Variablen $y = 1.2534\,x_3$ liefert, die mit zwei Variablen $y = 2.0032\,x_2 + 0.7440\,x_3$ liefert und die mit drei Variablen schließlich $y = -0.3733\,x_1 + 3.1469\,x_2 + 0.6348\,x_3$. Kann man etwa keine negativen Koeffizienten bei den Variablen bei der Interpretation der Ergebnisse brauchen, so wird man hier die erste Variable außer Betracht lassen.

```
M= 13    N= 3

  108.00    44.00   165.00   180.00
   47.00    42.00   179.00   225.00
   38.00    44.00   140.00   218.00
   92.00    27.00   139.00   151.00
   47.00    20.00   107.00   134.00
    8.00    13.00    77.00    92.00
   50.00    24.00   124.00   123.00
   56.00    25.00   141.00   142.00
   24.00     7.00    39.00    41.00
    4.00    26.00    98.00   134.00
    5.00    26.00   107.00   164.00
   53.00    23.00    65.00    90.00
  192.00    62.00   135.00   216.00


  100              95.6907    1.6937
  010              33.4104    4.6670
  110              27.1872   -0.5845    5.8459
  001              26.9051    1.2534
  101              27.7197    0.0957    1.2068
  011              18.3144    2.0032    0.7440
  111              13.2331   -0.3733    3.1469    0.6348
```

Bild E 2.2

In Bild E2.3 sind die im Sinne von (2.3.4) und somit für festes l auch im Sinne von (2.3.2) optimalen Kombinationen von Variablen

(2.3.6)
$$l = 1 : x_2$$
$$l = 2 : x_2, x_5$$
$$l = 3 : x_1, x_2, x_5$$
$$l = 4 : x_2, x_3, x_4, x_5.$$

Bild E 2.3

```
M= 30    N= 5

   29.00   289.00   216.00    85.00    14.00    1.00
   30.00   391.00   244.00    92.00    16.00    2.00
   30.00   424.00   246.00    90.00    18.00    2.00
   30.00   313.00   239.00    91.00    10.00    0.0
   35.00   243.00   275.00    95.00    30.00    2.00
   35.00   365.00   219.00    95.00    21.00    2.00
   43.00   396.00   267.00   100.00    39.00    3.00
   43.00   356.00   274.00    79.00    19.00    2.00
   44.00   346.00   255.00   126.00    56.00    3.00
   44.00   156.00   258.00    95.00    28.00    0.0
   44.00   278.00   249.00   110.00    42.00    4.00
   44.00   349.00   252.00    88.00    21.00    1.00
   44.00   141.00   236.00   129.00    56.00    1.00
   44.00   245.00   236.00    97.00    24.00    1.00
   45.00   297.00   256.00   111.00    45.00    3.00
   45.00   310.00   262.00    94.00    20.00    2.00
   45.00   151.00   339.00    96.00    35.00    3.00
   45.00   370.00   357.00    88.00    15.00    4.00
   45.00   379.00   198.00   147.00    64.00    4.00
   45.00   463.00   206.00   105.00    31.00    3.00
   45.00   316.00   245.00   132.00    60.00    4.00
   45.00   280.00   225.00   108.00    36.00    4.00
```

```
44.00   395.00   215.00   101.00    27.00    1.00
49.00   139.00   220.00   136.00    59.00    0.0
49.00   245.00   205.00   113.00    37.00    4.00
49.00   373.00   215.00    88.00    25.00    1.00
51.00   224.00   215.00   118.00    54.00    3.00
51.00   677.00   210.00   116.00    33.00    4.00
51.00   424.00   210.00   140.00    59.00    4.00
51.00   150.00   210.00   105.00    30.00    0.0


10000            1.3556    0.0527
01000            1.2980    0.0069
11000            1.2665    0.0224    0.0042
00100            1.4130    0.0093
10100            1.3754    0.0423    0.0019
01100            1.2851    0.0048    0.0031
11100            1.2897    0.0233    0.0043   -0.0002
00010            1.3161    0.0217
10010            1.3388    0.0060    0.0192
01010            1.2440    0.0038    0.0107
11010            1.2647   -0.0106    0.0039    0.0145
00110            1.3362    0.0014    0.0185
10110            1.3607   -0.0013    0.0015    0.0189
01110            1.2657    0.0039   -0.0008    0.0122
11110            1.2886   -0.0090    0.0040   -0.0004    0.0146
00001            1.3767    0.0609
10001            1.3176    0.0293    0.0292
01001            1.1479    0.0041    0.0301
11001            1.1474   -0.0210    0.0055    0.0429
00101            1.2910    0.0046    0.0346
10101            1.3143   -0.0042    0.0051    0.0362
01101            1.1675    0.0045   -0.0007    0.0319
11101            1.1548   -0.0418    0.0053    0.0034    0.0471
00011            1.3220    0.0150    0.0199
10011            1.3399    0.0195    0.0056    0.0244
01011            1.1077    0.0070   -0.0213    0.0675
11011            1.1237    0.0157    0.0069   -0.0287    0.0710
00111            1.3130    0.0057   -0.0049    0.0414
10111            1.3380    0.0011    0.0057   -0.0052    0.0414
01111            1.0616    0.0073    0.0073   -0.0484    0.0973
11111            1.0808   -0.0099    0.0074    0.0078   -0.0458    0.0974
```

Bild E 2.3

Entsprechend gilt für die Daten aus Bild E2.4

(2.3.7)
$$l = 1 : x_1$$
$$l = 2 : x_3, x_4$$
$$l = 3 : x_3, x_4, x_5$$
$$l = 4 : x_2, x_3, x_4, x_5.$$

Bild E 2.4

```
M= 20   N= 5

  51.00    93.00    11.00   104.00    63.00   340.00
 102.00    47.00    23.00    97.00    57.00   370.00
  38.00    15.00     7.00    40.00    20.00   133.00
 138.00    50.00    25.00   140.00    81.00   383.00
 100.00   110.00    20.00   151.00    90.00   487.00
 270.00   183.00    57.00   332.00   201.00   993.00
  37.00    40.00     5.00    53.00    17.00   167.00
 111.00    63.00    17.00   153.00    67.00   401.00
  25.00   107.00     8.00    83.00    57.00   247.00
```

2.3 Variablenauswahl bei der Regression

107.00	108.00	37.00	44.00	80.00	360.00
340.00	301.00	57.00	401.00	267.00	999.00
93.00	94.00	9.00	153.00	95.00	341.00
63.00	33.00	11.00	64.00	33.00	201.00
77.00	37.00	8.00	73.00	37.00	221.00
111.00	37.00	17.00	91.00	41.00	299.00
144.00	53.00	25.00	163.00	71.00	423.00
17.00	11.00	5.00	11.00	17.00	67.00
161.00	80.00	31.00	177.00	100.00	573.00
200.00	137.00	53.00	216.00	171.00	767.00
160.00	70.00	20.00	130.00	83.00	467.00

10000	86.5074	3.3448				
01000	153.6801	4.3196				
11000	76.3315	2.5590	1.1278			
00100	110.5405	16.9306				
10100	79.1603	2.2577	5.7284			
01100	90.6792	1.5756	11.3830			
11100	71.1477	1.7810	0.9725	4.6695		
00010	86.9458	2.9014				
10010	73.3051	1.7027	1.4543			
01010	87.0478	0.5949	2.5337			
11010	72.1458	1.7213	0.6349	1.0460		
00110	50.8449	7.3628	1.7273			
10110	52.2206	-0.1507	7.6910	1.8031		
01110	52.2757	0.0633	7.3103	1.6966		
11110	53.8134	-0.1326	0.0377	7.6201	1.7757	
00001	89.2817	4.5854				
10001	72.0734	1.7650	2.2201			
01001	87.4077	-1.1926	5.7817			
11001	74.1569	1.7817	0.0456	2.1520		
00101	77.4312	6.4362	2.9182			
10101	69.8212	1.3350	3.6587	1.8486		
01101	79.2184	-0.3899	5.9455	3.4365		
11101	71.6552	1.4280	0.3224	3.8709	1.3456	
00011	77.9535	1.5375	2.1944			
10011	70.1983	1.3515	0.8517	1.4497		
01011	78.0723	-0.7851	1.4129	3.1757		
11011	72.3583	1.3476	-0.0104	0.8521	1.4648	
00111	51.9074	7.9221	1.9028	-0.4258		
10111	53.2820	-0.2279	8.5076	2.0454	-0.4939	
01111	52.0883	0.5740	8.7452	2.0319	-1.4155	
11111	53.7494	-0.1047	0.5504	8.9803	2.0921	-1.4060

Bild E 2.4

Nun ist die Berechnung aller $2^n - 1$ Regressionen für $n > 10$ sehr aufwendig. (In H2 haben wir maximal N = 10 zugelassen.) Daher hat man Verfahren gesucht, die versuchen, die optimale Kombination für l Variable näherungsweise zu bestimmen.

Zwei ganz elementare Verfahren arbeiten schrittweise, weshalb man auch von schrittweiser Regression spricht [66, 76].

Beim ersten Verfahren werden zunächst alle Ansätze mit einer Variablen gerechnet und eine mit der kleinsten Fehlerquadratsumme herausgesucht. Dann wird sukzessiv immer eine solche Variable hinzugefügt, die zusammen mit den bereits gefundenen Variablen die geringste Fehlerquadratsumme produziert. Für das Beispiel in Bild E2.3 [73] würde sich so

(2.3.8)
$$l = 1 : x_2$$
$$l = 2 : x_2, x_5$$
$$l = 3 : x_1, x_2, x_5$$
$$l = 4 : x_1, x_2, x_4, x_5$$

und für das in Bild E2.4

(2.3.9)
$$l = 1 : x_1$$
$$l = 2 : x_1, x_5$$
$$l = 3 : x_1, x_3, x_5$$
$$l = 4 : x_1, x_3, x_4, x_5$$

ergeben.

Das zweite Verfahren geht zunächst von allen Variablen aus und eliminiert schrittweise immer eine solche, so daß jeweils die kleinstmögliche Fehlerquadratsumme entsteht [76]. Der Rechenaufwand im Vergleich zum ersten Verfahren ist hierbei größer, wofür im allgemeinen jedoch bessere lokale Optima gefunden werden [76]. In Bild E2.3 liest man die Ergebnisse zu

(2.3.10)
$$l = 4 : x_2, x_3, x_4, x_5$$
$$l = 3 : x_2, x_3, x_5$$
$$l = 2 : x_2, x_5$$
$$l = 1 : x_2$$

und in Bild E2.4 zu

(2.3.11)
$$l = 4 : x_2, x_3, x_4, x_5$$
$$l = 3 : x_2, x_3, x_5$$
$$l = 2 : x_3, x_5$$
$$l = 1 : x_5$$

ab.

Vergleicht man die Ergebnisse (2.3.6), (2.3.8) und (2.3.10), so sieht man, daß beim ersten Verfahren für $l = 1, 2, 3$ und beim zweiten Verfahren für $l = 1, 2, 4$ die optimalen Regressionen gefunden werden.

Im Beispiel auf Bild E2.4 werden nach (2.3.7), (2.3.9) und (2.3.11) beim ersten Verfahren sogar nur für $l = 1$ und beim zweiten Verfahren sogar nur für $l = 4$ die optimalen Lösungen gemäß (2.3.7) gefunden, was aber von den Verfahren her trivialerweise gilt.

Im allgemeinen liefert das erste Verfahren für kleine l und das zweite Verfahren für l in der Nähe von n die besseren Ergebnisse [76], was vom Konstruktionsprinzip her einsichtig ist.

Auch bei verfeinerten Verfahren [36, 43, 51, 76], die z. B. auch früher eliminierte Variable wieder in Betracht ziehen oder simultan mehrere Variable austauschen, ist die Auffindung der optimalen l Variablen für den Allgemeinfall nicht gewährleistet. Ein solches nichtenumeratives Verfahren kann auch nicht gefunden werden, da das Problem kombinatorischer Natur ist.

Wir empfehlen daher, für $n \leq 10$ keines der skizzierten Näherungsverfahren anzuwenden und stets enumerativ vorzugehen.

Sollte $n \gg 10$ sein, so kann man die Faktorenanalyse [75] dazu benutzen, die hohe Variablenzahl zu reduzieren und versuchen, auf etwa $n \approx 10$ Faktoren zu kommen, die eventuell linear abhängige Spalten in der Datenmatrix bei minimalem Informationsverlust zusammenfassen.

Eine andere Möglichkeit besteht darin, nicht alle Kombinationen zu berechnen, sondern nur

$$\sum_{l=1}^{l_0} \binom{n}{l}$$

von unten bzw.

$$\sum_{l=n-l_0+1}^{n} \binom{n}{l}$$

von oben zu berechnen, falls maximal l_0 Variable in die Regressionsbeziehung eintreten sollen.

2.4 Die Methode der kleinsten Quadrate für Polynome

Als Spezialfall der diskreten linearen L_2-Approximation, nämlich mit spezieller Matrix X in (1.16) behandeln wir in diesem Abschnitt die mit Polynomen vom Grad m, wobei wir das in einem ausführlichen Vergleich [7] als am günstigsten erkannte Verfahren wählen. Zu beachten ist, daß die Bezeichnungen in diesem Abschnitt geändert sind.

Statt des multivariablen Ansatzes (1.14) betrachten wir jetzt den univariablen Ansatz

(2.4.1) $\quad y = a_0 \varphi_0(x) + a_1 \varphi_1(x) + \ldots + a_m \varphi_m(x),$

wobei allgemein die Funktionen φ_k die Bedingung $\det(\varphi_k(x_i)) \neq 0$ für irgendwelche $m+1 \leq n$ der n gegebenen Abszissen $x_1 < \ldots < x_n$ erfüllen müssen, damit die Existenz der Approximation gewährleistet ist [67]. Die gegebenen Ordinaten y_i $(i=1,\ldots,n)$ dürfen beliebig sein.

Spezialisieren wir (2.4.1) noch weiter und setzen

(2.4.2) $\quad \varphi_k(x) = x^{k-1} \ (k=0, 1, \ldots, m)$,

so bedeutet der Ansatz (2.4.1) den eines Polynoms vom Grad m.

Statt nun das überbestimmte lineare Gleichungssystem

(2.4.3) $\quad y_i = \sum_{k=0}^{m} a_k \varphi_k(x_i) \quad (i=1, \ldots, n)$

auf obere Dreiecksgestalt wie in Kapitel 1 und Abschnitt 2.2 geschildert zu transformieren oder gar die (1.10) entsprechenden Normalgleichungen

(2.4.4) $\quad \sum_{k=0}^{m} \sum_{i=1}^{n} \varphi_j(x_i) \varphi_k(x_i) a_k = \sum_{i=1}^{n} \varphi_j(x_i) y_i \quad (j=0, \ldots, m)$,

die eine besonders schlechte Kondition haben, zu lösen, diagonalisiert man das System (2.4.4), indem man statt (2.4.2) zu nehmen, Polynome φ_k so konstruiert, daß diese auf der Punktmenge $x_1 < \ldots < x_n$ orthogonal sind, also

(2.4.5) $\quad \sum_{i=1}^{n} \varphi_j(x_i) \varphi_k(x_i) = 0 \quad (j \neq k)$

gilt. Dann wird nämlich aus (2.4.4) ein optimal konditioniertes Diagonalsystem mit der Lösung

(2.4.6) $\quad a_k = \dfrac{\sum_{i=1}^{n} \varphi_k(x_i) y_i}{\sum_{i=1}^{n} \varphi_k^2(x_i)} \quad (k=0, \ldots, m)$.

Zu diesem Zweck macht man die Ansätze [1, 7, 31, 39, 54]

(2.4.7) $\quad \begin{aligned} \varphi_0 &= 1, \\ \varphi_1 &= x - b_1, \\ \varphi_{k+1} &= (x - b_{k+1}) \varphi_k - c_k \varphi_{k-1} \quad (k=1, \ldots, m-1) \end{aligned}$

und bestimmt die unbekannten Parameter $b_k \ (k=1, \ldots, m)$ und $c_k \ (k=1, \ldots, m-1)$ so, daß die Relationen (2.4.5) gelten.

Nehmen wir an, daß die Polynome φ_k bis zum Index k schon (2.4.5) erfüllen. Dann genügt es, φ_{k+1} so zu konstruieren, daß

(2.4.8) $\quad \sum_{i=1}^{n} \varphi_{k+1}(x_i) \varphi_k(x_i) = 0$

und

(2.4.9) $\quad \sum_{i=1}^{n} \varphi_{k+1}(x_i) \varphi_{k-1}(x_i) = 0$

gilt. Setzt man (2.4.7) in (2.4.8) ein, so erhält man

$$(2.4.10) \quad b_{k+1} = \frac{\sum_{i=1}^{n} x_i \varphi_k^2(x_i)}{\sum_{i=1}^{n} \varphi_k^2(x_i)} \quad (k = 0, \ldots, m-1),$$

und setzt man (2.4.7) in (2.4.9) ein, so ergibt sich

$$(2.4.11) \quad c_k = \frac{\sum_{i=1}^{n} x_i \varphi_{k-1}(x_i) \varphi_k(x_i)}{\sum_{i=1}^{n} \varphi_{k-1}^2(x_i)} = \frac{\sum_{i=1}^{n} \varphi_k^2(x_i)}{\sum_{i=1}^{n} \varphi_{k-1}^2(x_i)}$$

$$(k = 1, \ldots, m-1).$$

Durch (2.4.10) und (2.4.11) sind die Polynome (2.4.7) vollständig bestimmt und mit zusätzlich (2.4.6) alle Größen im Ansatz (2.4.1).

Wie man an den Konstruktionsvorschriften sieht, braucht man beim Übergang von einem Polynom vom Grad m auf ein solches vom Grad $m+1$ nicht, wie es beim Ausgleich mit dem Ansatz (2.4.2) notwendig wäre, ganz von neuem zu rechnen, sondern man führt (2.4.7), (2.4.6), (2.4.10) und (2.4.11) nur für zusätzlich $k = m+1$ bzw. $k = m$ durch. Dies ist ein außergewöhnlicher Vorzug dieser Methode, der natürlich auch bedeutet, daß mit einem Ausgleichspolynom vom Grad m alle solche vom Grad kleiner als m bestimmt sind. Auch die Fehlerquadratsummen sind rekursiv über die Koeffizienten a_k bestimmbar, denn es gilt

$$\begin{aligned}
S_m(a_0, \ldots, a_m) &= \sum_{i=1}^{n} \left[y_i - \sum_{k=0}^{m} a_k \varphi_k(x_i) \right]^2 \\
&= \sum_{i=1}^{n} \left[y_i - \sum_{k=0}^{m-1} a_k \varphi_k(x_i) - a_m \varphi_m(x_i) \right]^2 \\
&= S_{m-1}(a_0, \ldots, a_{m-1}) \\
&\quad - 2 a_m \sum_{i=1}^{n} \varphi_m(x_i) \left[y_i - \sum_{k=0}^{m-1} a_k \varphi_k(x_i) \right] \\
&\quad + a_m^2 \sum_{i=1}^{n} \varphi_m^2(x_i) \\
&= S_{m-1}(a_0, \ldots, a_{m-1}) - a_m \sum_{i=1}^{n} y_i \varphi_m(x_i) \\
&= S_{m-1}(a_0, \ldots, a_{m-1}) - a_m^2 \sum_{i=1}^{n} \varphi_m^2(x_i).
\end{aligned}$$

Hieran sieht man übrigens, daß die Fehlerquadratsummen für wachsenden Polynomgrad abnehmen.

Will man das durch die Koeffizienten a_k, b_k und c_k bestimmte Ausgleichspolynom (2.4.1) für einen speziellen Wert von x auswerten, so hat dies über die Rekursionsformel (2.4.7) zu erfolgen.

Bild U 7

```
      SUBROUTINE ORTHO (M,X,Y,N,A,B,C,S,SMIN)
C
C     FUER ABSZISSEN X(K) UND ORDINATEN Y(K) (K=1,..,N)
C     WIRD EIN AUSGLEICH IM SINNE DER KLEINSTEN
C     QUADRATE MIT POLYNOMEN BIS MAXIMAL ZUM GRAD M
C     VORGENOMMEN.
C
C     IN DAS FELD S(I) (I=1,..,J+1) WERDEN DIE FUER
C     DIE POLYNOMGRADE 0,1,..,J ENTSTEHENDEN FEHLER-
C     QUADRATSUMMEN EINGETRAGEN.
C
C     J <= M WIRD SO BESTIMMT, DASS GILT
C     S(J) > SMIN >= S(J+1). FUER SMIN=0 WIRD J
C     MAXIMAL GLEICH M.
C
C     DIE FELDER A(J+1),B(J+1) UND C(J+1) DETERMINIEREN
C     DIE AUSGLEICHSPOLYNOME FUER I=1,...,J+1 UND
C     SIND AN DIE AUSWERTUNGSROUTINE POLYO ZU
C     UEBERGEBEN.
C
C     DIMENSION X(N),  Y(N),  A(M+1),B(M+1),C(M+1)
      DIMENSION X(100),Y(100),A(11), B(11), C(11)
C     DIMENSION S(M+1),P1(N),  P2(N),  P3(N)
      DIMENSION S(11), P1(100),P2(100),P3(100)
      Q=1./FLOAT(N)
      M1=M+1
      C(1)=0.
      U=0.
      DO 1 K=1,N
           T=Y(K)
           U=U+T*T
           P1(K)=0.
           P2(K)=1.
    1 CONTINUE
      J=1
    2 T=0.
      DO 3 K=1,N
           T=T+Y(K)*P2(K)
    3 CONTINUE
      A(J)=T*Q
      V=U-T*A(J)
      S(J)=V
      IF(V.LE.SMIN.OR.J.GE.M1) GOTO 8
      U=V
      DO 4 K=1,N
           P3(K)=X(K)*P2(K)
    4 CONTINUE
      V=0.
      DO 5 K=1,N
           V=V+P2(K)*P3(K)
```

2.4 Die Methode der kleinsten Quadrate für Polynome

```
    5 CONTINUE
      V=V*Q
      B(J+1)=V
      R=0.
      DO 6 K=1,N
          W=(X(K)-V)*P2(K)-C(J)*P1(K)
          P3(K)=W
          R=R+W*W
    6 CONTINUE
      J=J+1
      C(J)=R*Q
      Q=1./R
      DO 7 K=1,N
          P1(K)=P2(K)
          P2(K)=P3(K)
    7 CONTINUE
      GOTO 2
    8 M=J-1
      RETURN
      END
```

Bild U 7

In der Subroutine ORTHO aus Bild U7 werden für gegebene Felder X und Y der Länge N die Koeffizientenfelder A, B und C, deren Indices um 1 erhöht gegenüber (2.4.6), (2.4.10) und (2.4.11) sind, da in FORTRAN nicht mit Null indiziert werden kann, sowie die dem Ausgleich mit Polynomen vom Grad $k = 0, \ldots, m$ entsprechenden Fehlerquadratsummen S(1), ..., S(M + 1) bestimmt. Die Berechnungen werden bei einem Grad J kleiner als M abgebrochen, falls S(J + 1) < SMIN würde; in diesem Fall wird M = J gesetzt.

Übergibt man M und die in ORTHO gefüllten Felder A, B und C an die Subroutine POLYO aus Bild U8, so erfolgt dort für ein beliebiges Abszissenfeld XA der Länge NA die Auswertung nach (2.4.1) und die Ergebnisse werden nach YA gespeichert.

Bild U 8

```
      SUBROUTINE POLYO (M,XA,YA,NA,A,B,C)
C
C     FUER EINEN VORGEGEBENEN POLYNOMGRAD M UND
C     ENTSPRECHEND VON ORTHO GEFUELLTEN FELDERN A(M+1),
C     B(M+1) UND C(M+1) WERDEN FUER DIE ABSZISSEN XA(K)
C     DIE ORDINATENWERTE YA(K) (K=1,...,NA), DIE DAS
C     AUSGLEICHSPOLYNOM DORT ANNIMMT, BERECHNET.
C
C     DIMENSION XA(NA) YA(NA), A(M+1),B(M+1),C(M+1)
      DIMENSION XA(200),YA(200),A(11), B(11), C(11)
      J=M+1
      DO 3 K=1,NA
          T=XA(K)
          U=A(1)
          IF(J.EQ.1) GOTO 2
          V=1.
```

```
              W=T-B(2)
              U=U+A(2)*W
              IF(J.EQ.2) GOTO 2
              DO 1 L=3,J
                  Z=(T-B(L))*W-C(L-1)*V
                  V=W
                  W=Z
                  U=U+W*A(L)
    1         CONTINUE
    2         YA(K)=U
    3 CONTINUE
      RETURN
      END
```

Bild U 8

Das Hauptprogramm H3 ruft ORTHO auf und führt die Auswertung mittels POLYO für alle Grade bis einschließlich M und für XA = X durch. Die geglätteten Werte werden für jeden Polynomgrad gedruckt. Das Beispiel aus Bild E3 verwendet Daten aus [73].

```
C
C       POLYNOMAUSGLEICH
C
      DIMENSION X(100),Y(100),A(11),B(11),C(11),
     *          Z(100),YA(11,100),S(11)
      KI=5
      KO=6
    1 READ(KI,2) M,N,SMIN
    2 FORMAT(2I5,F5.0)
      IF(M.LE.-1.OR.M.GT.10.OR.N.LE.0.OR.N.GT.100) STOP
      WRITE(KO,3) M,N,SMIN
    3 FORMAT('1',6X,'M=',I2,'   N=',I3,'   SMIN=',F8.2)
      WRITE(KO,4)
    4 FORMAT('0')
      READ(KI,5) (X(K),K=1,N)
      READ(KI,5) (Y(K),K=1,N)
    5 FORMAT(16F5.0)
      CALL ORTHO (M,X,Y,N,A,B,C,S,SMIN)
      M1=M+1
      WRITE(KO,6) (S(J),J=1,M1)
    6 FORMAT(18X,6F8.2)
      DO 8 J=1,M1
          CALL POLYO (J-1,X,Z,N,A,B,C)
          DO 7 K=1,N
              YA(J,K)=Z(K)
    7     CONTINUE
    8 CONTINUE
      WRITE(KO,4)
      DO 9 K=1,N
          WRITE(KO,10) K,X(K),Y(K),(YA(J,K),J=1,M1)
    9 CONTINUE
   10 FORMAT(3X,I3,2F6.1,6F8.2/(18X,6F8.2))
      GOTO 1
      END
```

Bild H 3

```
    M= 5   N= 15   SMIN=     0.0

                     22525.34  1971.01   288.77   277.38    17.63    17.63

 1    1.0   10.0     54.67    -5.31     14.06    15.60     9.26     9.25
 2    2.0   16.0     54.67     3.26     14.33    14.55    17.27    17.28
 3    3.0   20.0     54.67    11.83     15.87    15.28    20.79    20.80
 4    4.0   23.0     54.67    20.40     18.69    17.71    22.17    22.17
 5    5.0   25.0     54.67    28.96     22.79    21.76    23.34    23.33
 6    6.0   26.0     54.67    37.53     28.17    27.34    25.75    25.74
 7    7.0   30.0     54.67    46.10     34.82    34.36    30.42    30.42
 8    8.0   36.0     54.67    54.67     42.75    42.75    37.96    37.96
 9    9.0   48.0     54.67    63.23     51.95    52.41    48.47    48.48
10   10.0   62.0     54.67    71.80     62.44    63.27    61.67    61.68
11   11.0   78.0     54.67    80.37     74.20    75.23    76.81    76.81
12   12.0   94.0     54.67    88.94     87.24    88.22    92.68    92.68
13   13.0  107.0     54.67    97.51    101.55   102.14   107.65   107.64
14   14.0  118.0     54.67   106.07    117.14   116.92   119.64   119.63
15   15.0  127.0     54.67   114.64    134.01   132.47   126.13   126.14
```

Bild E 3

In der Praxis wird man gegebene Daten (x_k, y_k) kaum mit einem Polynom vom Grad höher als 7 oder 8 glätten. Ist das Polynommodell oder ein anderes [72] nicht zwingend vorgeschrieben, so wird man eher einen Ausgleich mit kubischen Spline-Funktionen durchführen, die aus Polynomen dritten Grades bestehen, die an den Stellen $x_k (k=2, \ldots, n-1)$ zweimal stetig differenzierbar aneinandergesetzt sind. Die Spline-Funktion gewährleistet auch eine gewisse Glattheit in der ausgleichenden Kurve. FORTRAN-Programme hierfür sind in [71, 72] zu finden.

3. Diskrete lineare L_p-Approximation $(1 \leq p < \infty)$

3.1 L_1-Approximation

In unserer früheren Notation, also bei gegebener Datenmatrix X und gegebener rechter Seite y, suchen wir jetzt einen Vektor a, der

(3.1.1) $\quad \|Xa - y\|_1$

minimiert. Setzen wir

(3.1.2) $\quad r_i = \sum_{k=1}^{n} x_{ik} a_k - y_i \quad (i = 1, \ldots, m),$

so ist die Minimierung von (3.1.1) gleichwertig mit der von

(3.1.3) $\quad \sum_{i=1}^{m} |r_i|.$

Durch geeignete Transformationen führen wir jetzt die Zielfunktion (3.1.3) und die Nebenbedingungen (3.1.2) in ein lineares Programm über [2]. Dazu setzen wir

(3.1.4) $\quad r_i = u_i - v_i \quad \text{mit} \quad u_i, v_i \geq 0,$

d.h. es gilt $|r_i| = u_i + v_i$, und weiter

(3.1.5) $\quad \begin{aligned} b_{n+1} &= \max(0, -\min_k a_k), \\ b_k &= a_k + b_{n+1} \quad (k = 1, \ldots, n). \end{aligned}$

Nach Definition gilt $b_k \geq 0$ $(k = 1, \ldots, n+1)$. Mit den neuen Variablen wird aus (3.1.3) die Forderung der Minimierung von

(3.1.6) $\quad \sum_{i=1}^{m} (u_i + v_i)$

und aus (3.1.2)

(3.1.7) $\quad \sum_{k=1}^{n} x_{ik} b_k - b_{n+1} \sum_{k=1}^{n} x_{ik} - u_i + v_i = y_i$
$\quad (i = 1, \ldots, m).$

Zusammen mit der Nichtnegativität der Variablen u_i, v_i $(i = 1, \ldots, m)$ und b_k $(k = 1, \ldots, n+1)$ haben wir also ein lineares Programm mit der Zielfunktion (3.1.6) und den Nebenbedingungen (3.1.7) erhalten. Da es sich um ein lineares Programm handelt, ist klar, daß falls eine Lösung existiert, diese nicht eindeutig zu sein braucht.

Die Lösung des linearen Programms erfolgt mit einem in [2] in ALGOL veröffentlichten, hier adaptierten und leicht modifizierten Programm, das das duale Problem löst. Die gesuchten Unbekannten a_k erhält man gemäß

(3.1.8) $\quad a_k = b_k - b_{n+1} \; (k=1,\ldots,n).$

Der Algorithmus in [2] erwies sich bei einfacher Genauigkeit als äußerst instabil, weshalb wir bei der FORTRAN-Implementation alle wesentlichen Operationen, natürlich auf Kosten von Speicherplatz, doppelt genau ausführen. Dies bringt eine Verbesserung der numerischen Stabilität, ist aber kein Allheilmittel.

Die Parameter der Subroutine L1 in Bild U9 haben, soweit sie bekannt sind, die übliche Bedeutung; EPS ist eine Genauigkeitsschranke, ITMAX die Anzahl der durchgeführten Simplexschritte, IS = 0 bedeutet die numerische Lösbarkeit des Problems und IS $\neq$ 0, daß das Problem im numerischen Sinn nicht lösbar ist.

Bild U9

```
      SUBROUTINE L1 (M,N,X,Y,A,EPS,ITMAX,IS)
C
C     DISKRETE L1-APPROXIMATION (M>N)
C     MINIMIERT WIRD SUM(ABS(Y(J)-SUM(X(J,K)*A(K))))
C
C     ITMAX ZEIGT DIE DURCHGEFUEHRTE ZAHL VON
C     SIMPLEXSCHRITTEN AN. FUER IS=0 WAR DAS
C     VERFAHREN ERFOLGREICH; FUER IS=1 NICHT.
C
C     DIMENSION X(M,N),  Y(M), A(N)
      DIMENSION X(50,10),Y(50),A(10)
C
C     DIMENSION Q(M+1,N+2),V(M+1),U(N+1),HF(N+1)
      DIMENSION Q(51,12),  V(51), U(11) ,HF(11)
C
      DOUBLE PRECISION Q,H,Z,W,D,P
      INTEGER T,OUT,U,V
      LOGICAL L
      N1=N+1
      M1=M+1
      N2=N+2
      DO 2 I=1,M
         I1=I+1
         DO 1 J=1,N
            Q(I1,J+1)=X(I,J)
    1    CONTINUE
         Q(I1,1)=Y(I)
    2 CONTINUE
      DO 3 J=2,N2
         Q(1,J)=0.
         HF(J-1)=0.
         U(J)=M+J-1
```

```
      3 CONTINUE
        Q(1,1)=0.
        U(1)=0
        DO 5 I=2,M1
            V(I)=I-1
            H=0.
            L=Q(I,1).LT.0.
            DO 4 J=1,N1
                IF(L) Q(I,J)= - Q(I,J)
                H=H-Q(I,J)
                Q(1,J)=Q(1,J)+Q(I,J)
      4     CONTINUE
            IF(L) V(I)= - V(I)
            Q(I,N2)=H+Q(I,1)
            Q(1,N2)=Q(1,N2)+Q(I,N2)
      5 CONTINUE
        IT= - 1
      6 H=EPS
        T=0
        IT=IT+1
        DO 8 J=2,N2
            Z=Q(1,J)
            IF(U(J).GT.M.OR.-Z-2.LE.H) GOTO 7
            IN=J
            T=2
            H=-Z-2.
            GOTO 8
      7     IF(Z.LE.H) GOTO 8
            IN=J
            T=1
            H=Z
      8 CONTINUE
        IF(T.NE.0) GOTO 9
        IS=0
        ITMAX=IT
        GOTO 16
      9 W=1.E20
        DO 10 I=2,M1
            D=Q(I,IN)
            IF(T.EQ.2) D= - D
            IF(D.LE.EPS) GOTO 10
            D=Q(I,1)/D
            IF(D.GE.W) GOTO 10
            W=D
            OUT=I
     10 CONTINUE
        IF(W.LT.1.E20) GOTO 11
        IS=1
        ITMAX=IT
        RETURN
     11 IF(T.NE.2) GOTO 12
        U(IN)= - U(IN)
        Q(1,IN)= - H
     12 P=Q(OUT,IN)
        DO 14 I=1,M1
            IF(I.EQ.OUT) GOTO 14
            D=Q(I,IN)/P
            DO 13 J=1,N2
                Z= - D
                IF(J.NE.IN) Z=Q(I,J)-D*Q(OUT,J)
                Q(I,J)=Z
     13     CONTINUE
```

```
        14 CONTINUE
           P=1./DABS(P)
           DO 15 J=1,N2
              Z=P
              IF(J.NE.IN) Z=Z*Q(OUT,J)
              Q(OUT,J)=Z
        15 CONTINUE
           I=V(OUT)
           V(OUT)=U(IN)
           U(IN)=I
           GOTO 6
        16 I=1
        17 DO 18 J=2,M1
              IF(V(J).EQ.M+I) HF(I)=Q(J,1)
        18 CONTINUE
           I=I+1
           IF(I.LE.N1) GOTO 17
           Z=HF(N1)
           DO 19 I=1,N
              A(I)=HF(I)-Z
        19 CONTINUE
           RETURN
           END
```

Bild U 9

In den mit dem Hauptprogramm H4 berechneten Beispielen in den Bildern E4.1 und E4.2, von denen das erste einer Ausgleichsgerade in der Ebene entspricht und das zweite das schon aus E2.3 bekannte Beispiel aus [73] ist, sind neben den Eingabedaten in den beiden letzten Spalten auch die angepaßten Werte $\sum_k x_{ik} a_k$ und die Zahlen r_i aus (3.1.2) ausgedruckt.

Bild H 4

```
C
C          DISKRETE L1-APPROXIMATION
C
           DIMENSION X(50,10),Y(50),A(10)
           KI=5
           KO=6
         1 READ(KI,2) M,N,EPS
         2 FORMAT(2I5,F10.0)
           IF(M.LE.0.OR.M.GT.50.OR.N.LE.0.OR.N.GT.10) STOP
           IF(EPS.LE.0.) EPS=1.E-10
           WRITE(KO,3) M,N,EPS
         3 FORMAT('1',1X,'M=',I2,' N=',I2,' EPS=',E10.1)
           DO 4 I=1,M
              READ(KI,5) (X(I,J),J=1,N)
         4 CONTINUE
         5 FORMAT(16F5.0)
           READ(KI,5) (Y(I),I=1,M)
C
           CALL L1 (M,N,X,Y,A,EPS,ITMAX,IS)
C
           WRITE(KO,6) IS,ITMAX
         6 FORMAT('0',1X,'IS=',I1,' ITMAX=',I4)
           WRITE(KO,7)
```

```
      7 FORMAT('0')
        IF(IS.NE.0) GOTO 1
        DO 9 I=1,M
          H=0.
          DO 8 J=1,N
            H=H+X(I,J)*A(J)
      8   CONTINUE
          U=Y(I)
          V=H-U
          WRITE(KO,10) (X(I,J),J=1,N),U,H,V
      9 CONTINUE
     10 FORMAT(1X,13F10.4)
        WRITE(KO,7)
        WRITE(KO,10) (A(J),J=1,N)
        GOTO 1
        END
```

Bild H 4

Man sieht, was in [3] erwähnt ist und im folgenden Kapitel noch wichtig sein wird, an den beiden Beispielen, daß die L_1-Approximation dazu tendiert, daß einige der $r_i = 0$ werden. Dies ist bei den diskreten L_2-Approximationen nicht der Fall.

```
M= 4  N= 2  EPS=   0.1E-09

IS=0  ITMAX=   4

    2.0000    1.0000    1.0000    1.0000    0.0
    4.0000    1.0000    2.0000    2.0000    0.0
    6.0000    1.0000    6.0000    3.0000   -3.0000
    8.0000    1.0000    4.0000    4.0000    0.0


    0.5000    0.0
```

Bild E 4.1

Bild E 4.2

```
M=30  N= 5  EPS=   0.1E-09

IS=0  ITMAX=  26

   29.0000   289.0000   216.0000    85.0000    14.0000    1.0000    1.0000   -0.0000
   30.0000   391.0000   244.0000    92.0000    16.0000    2.0000    1.7910   -0.2090
   30.0000   424.0000   246.0000    90.0000    18.0000    2.0000    2.2842    0.2842
   30.0000   313.0000   239.0000    91.0000    10.0000    0.0       0.6808    0.6808
   35.0000   243.0000   275.0000    95.0000    30.0000    2.0000    2.0193    0.0193
   35.0000   365.0000   219.0000    95.0000    21.0000    2.0000    1.7563   -0.2437
   43.0000   396.0000   267.0000   100.0000    39.0000    3.0000    3.5615    0.5615
   43.0000   356.0000   274.0000    79.0000    19.0000    2.0000    2.0586    0.0586
   44.0000   346.0000   255.0000   126.0000    56.0000    3.0000    3.9456    0.9456
   44.0000   156.0000   258.0000    95.0000    28.0000    0.0       0.9225    0.9225
   44.0000   278.0000   249.0000   110.0000    42.0000    4.0000    2.6040   -1.3960
   44.0000   349.0000   252.0000    88.0000    21.0000    1.0000    1.7949    0.7949
   44.0000   141.0000   236.0000   129.0000    56.0000    1.0000    2.3307    1.3307
   44.0000   245.0000   236.0000    97.0000    24.0000    1.0000    1.0000   -0.0000
   45.0000   297.0000   256.0000   111.0000    45.0000    3.0000    3.0000   -0.0000
   45.0000   310.0000   262.0000    94.0000    20.0000    2.0000    1.2615   -0.7385
```

```
45.0000    151.0000    339.0000     96.0000    35.0000    3.0000    1.8726   -1.1274
45.0000    370.0000    357.0000     88.0000    15.0000    4.0000    1.8276   -2.1724
45.0000    379.0000    198.0000    147.0000    64.0000    4.0000    4.0000   -0.0300
45.0000    463.0000    206.0000    105.0000    31.0000    3.0000    2.7820   -0.2180
45.0000    316.0000    245.0000    132.0000    60.0000    4.0000    3.8604   -0.1396
45.0000    280.0000    225.0000    108.0000    36.0000    4.0000    1.9729   -2.0271
44.0000    395.0000    215.0000    101.0000    27.0000    1.0000    2.1147    1.1147
49.0000    139.0000    220.0000    136.0000    59.0000    0.0       2.1899    2.1899
49.0000    245.0000    205.0000    113.0000    37.0000    4.0000    1.4786   -2.5214
49.0000    373.0000    215.0000     88.0000    25.0000    1.0000    2.0528    1.0528
51.0000    224.0000    215.0000    118.0000    54.0000    3.0000    2.7959   -0.2041
51.0000    677.0000    210.0000    116.0000    33.0000    4.0000    4.0000   -0.0000
51.0000    424.0000    210.0000    140.0000    59.0000    4.0000    3.9646   -0.0354
51.0000    150.0000    210.0000    105.0000    30.0000    0.0       0.3691    0.3691

-0.0243      0.0070      0.0046     -0.0311     0.0954
```

Bild E 4.2

Auf die möglichen Vorteile der diskreten L_1-Approximation [3] - insbesondere das Ignorieren von Ausreißern wie in E4.1 - haben wir schon in der Einleitung hingewiesen. Wir werden im nächsten Abschnitt darauf zurückkommen, wo wir mehr noch die diskrete L_p-Approximation für $1 < p < 2$ empfehlen werden, da insbesondere Eindeutigkeit der Lösung und numerische Stabilität gewährleistet sind.

Der Vollständigkeit halber weisen wir darauf hin, daß in [68] eine neuere Routine in FORTRAN für das diskrete L_1-Problem publiziert ist, die auf dem gleichen Lösungsansatz beruht.

3.2 L_p-Approximation ($1 < p < \infty$)

Gemäß Definition (1.4) aus der Einleitung ist

$$(3.2.1) \quad S(a) = \|Xa - y\|_p^p = \sum_{i=1}^m \left| \sum_{k=1}^n x_{ik} a_k - y_i \right|^p$$

zu minimieren. Da die L_p-Norm für $1 < p < \infty$ strikt konvex ist, ist das Minimum von $S = S(a)$ eindeutig und die notwendigen Bedingungen

$$(3.2.2) \quad \frac{\partial S}{\partial a_j} = 0 \quad (j = 1, \ldots, n)$$

sind auch hinreichend, d.h. die Lösung von (3.2.2) ist diejenige, die (3.2.1) minimiert [20, 21, 23, 46].

Berücksichtigt man beim Differenzieren von (3.2.1) nach a_j, daß für eine Funktion $f(z) = |z|^p$ einer reellen Veränderlichen z gilt $\frac{df}{dz} = p \cdot \text{sign}(z) |z|^{p-1}$ $= p z |z|^{p-2}$, so erhält man für (3.2.2) nach Kürzung von p

$$(3.2.3) \quad X^T V(a) [Xa - y] = 0,$$

wobei $V(a)$ eine Diagonalmatrix der Kantenlänge m ist, deren i-tes Diagonalelement $v_i(a)$ durch

(3.2.4) $\quad v_i(a) = \left| \sum_{k=1}^{n} x_{ik} a_k - y_i \right|^{p-2}$

gegeben ist. Die Ausdrücke (3.2.4) sind für $p \geq 2$ stets definiert, für $1 \leq p < 2$ können sie nicht definiert sein. Setzen wir

(3.2.5) $\quad W(a) = [V(a)]^{1/2}$,

so läßt sich das zu den Normalengleichungen im L_2-Sinn gehörige überbestimmte lineare Gleichungssystem in der Form

(3.2.6) $\quad W(a)[Xa - y] = 0$

schreiben. Dies bedeutet, daß die gesuchte Lösung als Lösung eines diskreten L_2-Problems mit (allerdings von der Lösung a abhängigen) Gewichten $\sqrt{v_i(a)}$ interpretiert werden kann. Vor der Anwendung etwa von LLSQ müßten die i-te Zeile von X und die i-te Komponente von y mit $\sqrt{v_i(a)}$ multipliziert werden.

Dieser Sachverhalt legt folgendes Iterationsverfahren nahe [30, 56].

        Schritt 1: $\quad t = 0$, $W^{(0)} = E$, $a^{(0)} = 0$.
        Schritt 2: $\quad$ Löse $W^{(t)}[X a^{(t+1)} - y] = 0$ im Sinne der kleinsten Quadrate nach $a^{(t+1)}$ auf.
(3.2.7)   **Schritt 3:** $\quad$ Sind $a^{(t)}$ und $a^{(t+1)}$ genügend nahe, so breche man ab. Andernfalls berechne man $W^{(t+1)} = W(a^{(t+1)})$, erhöhe den Iterationsindex t um 1 und gehe zu Schritt 2.

Nach numerischen Erfahrungen divergiert dieses Verfahren für $p = 4, 6, 8, \ldots$ [30]. Es wurde daher nach einem weiteren Verfahren zur Lösung von (3.2.3) gesucht, das unabhängig davon in [46] angegeben wurde. Dieses besteht aus der Anwendung des NEWTONschen Verfahrens [21, 61] auf (3.2.3), das wir auch noch in Kapitel 5 auf allgemeine nichtlineare Gleichungssysteme anwenden werden.

Nun ist die benötigte Ableitung von (3.2.3) gleich

(3.2.8) $\quad (p-1) X^T V(a) X$,

was man erhält, wenn man beachtet, daß für eine Funktion $g(z) = z|z|^{p-2}$ einer reellen Veränderlichen z gilt $\dfrac{dg}{dz} = |z|^{p-2} + (p-2) z \cdot \text{sign}(z) |z|^{p-3}$
$= (p-1)|z|^{p-2}$.

Das NEWTONsche Iterationsverfahren [21, 61] zur Lösung von (3.2.3) lautet also

$$a^{(t+1)} = a^{(t)} - \frac{1}{p-1} [X^T V(a^{(t)}) X]^{-1} [X^T V(a^{(t)}) (X a^{(t)} - y)].$$

Beachtet man, daß
$$b = [X^T V(a^{(t)}) X]^{-1} X^T V(a^{(t)}) y$$
jeweils die L_2-Lösung des überbestimmten Systems

(3.2.9) $W(a^{(t)}) [X b - y] = 0$

ist, so erhält man die Iterationsformel

(3.2.10) $a^{(t+1)} = a^{(t)} - \dfrac{1}{p-1} [a^{(t)} + b].$

Als NEWTONsches Verfahren für eine strikt konvexe Funktion konvergiert die beschriebene Methode stets gegen die eindeutige Lösung [61] und ist für $p \geq 2$ stets durchführbar. Dabei ist $p \geq 2$ zunächst wegen der Definition von $V(a)$ nach (3.2.4) zu fordern.

Im Iterationsverfahren (3.2.7) braucht Schritt 2 nur durch

(3.2.11)   **Schritt 2':** Löse $W^{(t)}[X b - y] = 0$ im Sinne der kleinsten Quadrate nach b auf und setze
$$a^{(t+1)} = \frac{1}{p-1} [(p-2) a^{(t)} - b]$$

ersetzt zu werden.

Es sei η die Genauigkeit einer benutzten Rechenmaschine in dem Sinne, daß η die größte positive Zahl ist, für die $1.0 + \eta = 1.0$ ergibt, so ist numerisch gerechtfertigt, daß im Falle

$$\left| \sum_{k=1}^{n} x_{ik} q_k^{(t)} - y_i \right| < \eta$$

bei der Berechnung von $W(a^{(t)})$ die linke Seite stets durch η ersetzt wird. In diesem Fall sind beide Iterationsverfahren (3.2.7) und (3.2.11) unbeschränkt durchführbar, solange $W^{(t)} X$ den Rang n hat. Aus Stetigkeitsgründen darf man hoffen, daß man, falls Konvergenz auftritt, auch für $1 \leq p < 2$ eine numerische Lösung erhält.

Umfangreiche empirische Untersuchungen [56] zeigen nun folgende in [30, 46] nicht erwähnte und bisher nicht theoretisch fundierte Ergebnisse: Der Algorithmus (3.2.7) konvergiert für $1 < p < 2 + \alpha$ mit $\alpha \approx .5$ und der Algorithmus (3.2.11) konvergiert für $1 + \alpha < p < 2$ gegen die numerische Lösung des Problems (3.2.1). Sogar im Falle $p = 1$ konvergiert der Algorithmus (3.2.7) gegen eine numerische Lösung. Alle diese Aussagen gelten bei Anwendung der oben beschriebenen η-Heuristik und sind nur durch numerische Erfahrungen abgesichert. Nur für $p \geq 2$ ist die quadratische Konvergenz von Algorithmus (3.2.11) gesichert [46].

In der Subroutine LP aus Bild U10 wird für $1 \leq p \leq 2$ der Algorithmus (3.2.7) und für $2 < p < \infty$ der Algorithmus (3.2.11) angewandt. Zur Lösung der überbestimmten Systeme wird hier jeweils LLSQ aus Abschnitt 2.2 verwandt. In Kapitel 5 werden wir bei ähnlichen Problemen jedoch DECOMP und SOLVE aus Abschnitt 2.1 verwenden, da die in LLSQ durchgeführte iterative Verbesserung, die zusätzlichen Speicherplatz erfordert, hier überflüssig ist, da die überbestimmten Systeme nur als Bestandteil einer Iteration gelöst werden müssen.

Bild U 10

```
      SUBROUTINE LP (M,N,X,Y,P,A,EPS,ETA,IS,ITMAX)
C
C     DISKRETE LP - APPROXIMATION (1<=P<UNENDLICH)
C
C     MINIMIERT WIRD  SUM(ABS(Y(J)-SUM(X(J,K)*A(K)))**P)
C     FUER P<2 IST KONVERGENZ GEGEN DIE LOESUNG
C     NICHT THEORETISCH ABER HEURISTISCH GESICHERT
C
C     DIMENSION X(M,N),  Y(M), A(N)
      DIMENSION X(50,10),Y(50),A(10)
C
C     DIMENSION V(M,N),  U(M), B(N,1), W(M), R(M,1)
      DIMENSION V(50,10),U(50),B(10,1),W(50),R(50,1)
      LOGICAL    PTRUE
      PTRUE=P.LT.2.
      M1=0
      L=1
      IT=0
      DO 1 J=1,M
          W(J)=1.
    1 CONTINUE
      DO 2 K=1,N
          A(K)=0.
    2 CONTINUE
      IF(P.NE.1.) P1=1./(P-1.)
      P2=P-2.
      PP=.5*P2
    3 IT=IT+1
      DO 5 J=1,M
          WJ=W(J)
          U(J)=WJ*Y(J)
          DO 4 K=1,N
              V(J,K)=WJ*X(J,K)
    4     CONTINUE
    5 CONTINUE
      CALL LLSQ(M1,M,N,V,L,U,B,R,IS)
      IF(IS.NE.0) GOTO 11
      IF(PTRUE) GOTO 7
      DO 6 K=1,N
          B(K,1)=P1*(P2*A(K)+B(K,1))
    6 CONTINUE
    7 S=0.
      DO 8 K=1,N
          BK=B(K,1)
          Z=ABS(BK)
          IF(Z.LE.ETA) Z=1.
          S=S+ABS(BK-A(K))/Z
          A(K)=BK
```

```
      8 CONTINUE
        IF(S.LE.EPS.OR.IT.GE.ITMAX.OR.P.EQ.2.) GOTO 11
        DO 10 J=1,M
          S=0.
          DO 9 K=1,N
            S=S+X(J,K)*A(K)
    9     CONTINUE
          S=ABS(Y(J)-S)
          IF(S.LT.ETA.AND.PTRUE) S=ETA
          W(J)=S**PP
   10   CONTINUE
        GOTO 3
   11 ITMAX=IT
      RETURN
      END
```

Bild U 10

In der Argumentliste von LP bedeutet ETA = η, P = p und EPS > 0 den Wert für eine Genauigkeitsabfrage

$$\sum_{k=1}^{n} \left| \frac{a_k^{(t+1)} - a_k^{(t)}}{a_k^{(t+1)}} \right| < \text{EPS},$$

wobei ein Nenner in der linken Seite durch Eins ersetzt wird, falls er kleiner oder gleich η ist. IS ist der in Abschnitt 2.2 beschriebene Parameter von LLSQ. ITMAX ist eine vorgegebene Maximalanzahl von Iterationen; der Wert wird beim Verlassen von LP durch die tatsächlich durchgeführte Anzahl ersetzt.

Im Hauptprogramm H5 werden mittels LP für insgesamt IPMAX Werte (PP(I), I = 1, IPMAX) für p die L_p-Approximationen berechnet. In jedem Fall wird auch noch die Subroutine L1 aus dem vorigen Abschnitt aufgerufen und die mit dem Simplexverfahren ausgerechnete L_1-Lösung ausgegeben.

Bild H 5

```
C
C     DISKRETE LP - APPROXIMATION
C
      DIMENSION X(50,10),Y(50),A(10),PP(100)
      KI=5
      KO=6
    1 READ(KI,2) M,N,IPMAX,MAXIT,EPS,ETA
    2 FORMAT(4I5,2F10.0)
      IF(M.LE.0.OR.M.GT.50.OR.N.LE.0.OR.N.GT.10) STOP
      IF(MAXIT.LE.0) MAXIT=1000
      IF(EPS.LE.0.) EPS=5.E-5
      IF(ETA.LE.0.) ETA=5.E-7
      WRITE(KO,3) M,N,IPMAX,MAXIT,EPS,ETA
    3 FORMAT('1',1X,'M=',I2,' N=',I2,' IPMAX=',I2/
     *        '  MAXIT=',I4,' EPS=',E8.1,' ETA=',E8.1)
      DO 4 J=1,M
        READ(KI,5) (X(J,K),K=1,N)
```

```
      4 CONTINUE
      5 FORMAT(16F5.0)
        READ(KI,5) (Y(J),J=1,M)
        WRITE(KO,6)
      6 FORMAT('0')
        DO 7 J=1,M
            WRITE(KO,8) (X(J,K),K=1,N),Y(J)
      7 CONTINUE
      8 FORMAT(1X,11F7.1)
        WRITE(KO,6)
        READ(KI,5) (PP(I),I=1,IPMAX)
        IP=IPMAX+1
        DO 9 I=1,IPMAX
            P=PP(I)
            ITMAX=MAXIT
            CALL LP (M,N,X,Y,P,A,EPS,ETA,IS,ITMAX)
            WRITE(KO,10) I,P,IS,ITMAX,(A(K),K=1,N)
      9 CONTINUE
     10 FORMAT(1X,I3,F6.2,I2,I5,10F9.5)
        WRITE(KO,6)
        P=1.
        CALL L1 (M,N,X,Y,A,EPS,ITMAX,IS)
        WRITE(KO,10) IP,P,IS,ITMAX,(A(K),K=1,N)
        GOTO 1
        END
```

Bild H 5

Im Beispiel E5.1 haben wir das aus E2.1 bekannte Beispiel eines Ausgleichs mit einer Geraden $y = ax + b$ in der Ebene wiederholt. Wir haben einen stetigen Übergang von der L_∞-Lösung $y = 4$ zur L_2-Lösung $y = -.05000\,x + 3.80556$ und zur (hier eindeutigen) [67] L_1-Lösung $y = -.33333\,x + 4.00000$.

Bild E 5.1

```
M= 9 N= 2 IPMAX=21
MAXIT=1000 EPS= 0.5E-04 ETA= 0.5E-06


          1.0     1.0     5.0
          2.0     1.0     2.0
          3.0     1.0     3.0
          4.0     1.0     6.0
          5.0     1.0     1.0
          6.0     1.0     2.0
          7.0     1.0     7.0
          8.0     1.0     5.0
          9.0     1.0     1.0

   1 10.00 0    15 -0.00176  3.89811
   2  8.00 0    10 -0.00416  3.88394
   3  6.00 0     8 -0.00960  3.86904
   4  4.00 0     6 -0.02210  3.85517
   5  3.00 0     5 -0.03293  3.84494
   6  2.50 0     5 -0.04011  3.83322
   7  2.00 0     1 -0.05000  3.80556
```

```
 8   1.80  0      7  -0.05588   3.78312
 9   1.60  0     11  -0.06464   3.74531
10   1.50  0     14  -0.07130   3.71591
11   1.40  0     18  -0.08114   3.67468
12   1.30  0     25  -0.09771   3.61658
13   1.20  0     38  -0.13270   3.55297
14   1.15  0     51  -0.17054   3.56857
15   1.10  0     73  -0.24226   3.73094
16   1.08  0     85  -0.27956   3.83917
17   1.06  0     98  -0.31265   3.93796
18   1.04  0    100  -0.33039   3.99117
19   1.02  0     63  -0.33316   3.99949
20   1.01  0     50  -0.33326   3.99979
21   1.00  0     42  -0.33329   3.99988


22   1.00  0      6  -0.33333   4.00000
```

Bild E 5.1

Beim Beispiel E5.2, das aus E2.2 stammt, ändern sich sämtliche Koeffizienten für die verschiedenen Werte von p kaum. Hier darf man ein gutes Gefühl für den linearen Ansatz (1.14) entwickeln.

Bild E 5.2

```
M=13  N=  3  IPMAX=20
MAXIT=  500  EPS= 0.5E-04  ETA= 0.5E-06


   108.0    44.0   165.0   180.0
    47.0    42.0   179.0   225.0
    38.0    44.0   140.0   218.0
    92.0    27.0   139.0   151.0
    47.0    20.0   107.0   134.0
     8.0    13.0    77.0    92.0
    50.0    24.0   124.0   123.0
    56.0    25.0   141.0   142.0
    24.0     7.0    39.0    41.0
     4.0    26.0    98.0   134.0
     5.0    26.0   107.0   164.0
    53.0    23.0    65.0    90.0
   192.0    62.0   135.0   216.0


 1  10.00  0     27  -0.38263   2.86004   0.69988
 2   8.00  0     22  -0.39193   2.91123   0.69328
 3   6.00  0     17  -0.40086   2.97177   0.68477
 4   4.00  0     11  -0.40145   3.03292   0.67275
 5   3.00  0      8  -0.39368   3.07390   0.66067
 6   2.50  0      6  -0.38575   3.10429   0.65038
 7   2.00  0      1  -0.37331   3.14686   0.63485
 8   1.80  0      6  -0.36654   3.16964   0.62616
 9   1.60  0     10  -0.35850   3.19830   0.61500
10   1.50  0     12  -0.35410   3.21589   0.60807
11   1.40  0     15  -0.34982   3.23655   0.59992
12   1.30  0     20  -0.34653   3.26184   0.59012
13   1.20  0     28  -0.34671   3.29839   0.57747
14   1.10  0     56  -0.36065   3.38837   0.55677
15   1.08  0     67  -0.36697   3.42152   0.55055
```

```
16   1.06  0     76  -0.37324    3.45398    0.54455
17   1.04  0     71  -0.37653    3.47101    0.54142
18   1.02  0     46  -0.37696    3.47322    0.54102
19   1.01  0     39  -0.37700    3.47339    0.54099
20   1.00  0     34  -0.37701    3.47345    0.54097


21   1.00  0      9  -0.37703    3.47355    0.54096
```

Bild E 5.2

Im Beispiel E5.3 ist bemerkenswert, daß der Koeffizient a_1 für verschiedene p offensichtlich zweimal das Vorzeichen wechselt. In solchen Fällen empfehlen wir, für welche p man auch immer rechnen will, eventuell die erste Spalte der Datenmatrix bei der Approximation wegzulassen.

Bild E 5.3

```
M=20  N= 5  IPMAX=20
MAXIT= 700  EPS= 0.5E-04  ETA= 0.5E-06


    51.0     93.0     11.0    104.0     63.0    340.0
   102.0     47.0     23.0     97.0     57.0    370.0
    38.0     15.0      7.0     40.0     20.0    133.0
   138.0     50.0     25.0    140.0     81.0    383.0
   100.0    110.0     20.0    151.0     90.0    487.0
   270.0    183.0     57.0    332.0    201.0    993.0
    37.0     40.0      5.0     53.0     17.0    167.0
   111.0     63.0     17.0    153.0     67.0    401.0
    25.0    107.0      8.0     83.0     57.0    247.0
   107.0    108.0     37.0     44.0     80.0    360.0
   340.0    301.0     57.0    401.0    267.0    999.0
    93.0     94.0      9.0    153.0     95.0    341.0
    63.0     33.0     11.0     64.0     33.0    201.0
    77.0     37.0      8.0     73.0     37.0    221.0
   111.0     37.0     17.0     91.0     41.0    299.0
   144.0     53.0     25.0    163.0     71.0    423.0
    17.0     11.0      5.0     11.0     17.0     67.0
   161.0     80.0     31.0    177.0    100.0    573.0
   200.0    137.0     53.0    216.0    171.0    767.0
   160.0     70.0     20.0    130.0     83.0    467.0


 1  10.00  0     27   0.57062   0.79223   8.59972   2.08777  -2.53328
 2   8.00  0     22   0.51799   0.69934   8.41899   2.08799  -2.32235
 3   6.00  0     17   0.44011   0.59100   8.23072   2.07401  -2.03754
 4   4.00  0     11   0.29654   0.48384   8.18013   2.02975  -1.64841
 5   3.00  0      9   0.15168   0.45564   8.40354   2.01676  -1.44571
 6   2.50  0      9   0.03557   0.47136   8.65794   2.03737  -1.38307
 7   2.00  0      1  -0.10471   0.55036   8.98027   2.09208  -1.40596
 8   1.80  0      8  -0.14223   0.60594   8.97366   2.10932  -1.41825
 9   1.60  0     12  -0.14478   0.67832   8.76788   2.10535  -1.40379
10   1.50  0     15  -0.11963   0.72363   8.53056   2.08600  -1.37478
11   1.40  0     20  -0.06179   0.77772   8.14372   2.04576  -1.32225
12   1.30  0     29   0.04650   0.84327   7.56865   1.97723  -1.25125
13   1.20  0     41   0.19464   0.92724   6.98825   1.90539  -1.25339
14   1.10  0     59   0.30353   1.00626   6.64936   1.87012  -1.34515
15   1.08  0     68   0.31459   1.01497   6.59908   1.86664  -1.35424
```

16	1.06	0	74	0.32188	1.02116	6.56278	1.86596 -1.36295
17	1.04	0	61	0.32341	1.02314	6.55048	1.86835 -1.36911
18	1.02	0	34	0.32302	1.02315	6.55012	1.86967 -1.37081
19	1.01	0	26	0.32297	1.02314	6.55018	1.86977 -1.37093
20	1.00	0	24	0.32296	1.02315	6.55009	1.86983 -1.37102
21	1.00	0	15	0.32297	1.02316	6.55006	1.86984 -1.37105

Bild E 5.3

Die Beispiele zeigen, daß die Rechnungen für verschiedene p auch die Erkenntnis über den Sinn eines linearen Ansatzes (1.14) verbessern, die noch verbessert würde, wenn man analog zu Abschnitt 2.3 Variablenselektion betreiben würde. Man beachte auch die ähnliche Anzahl der notwendigen Iterationen für verschiedene Werte von p in allen Beispielen.

An den Beispielen sieht man weiter, daß für große p offensichtlich eine Näherung für die auch nicht notwendigerweise eindeutige Lösung für $p = \infty$ gefunden wird. Hierfür sind in [2] und [4,5] eigene Algorithmen angegeben worden. Für die diskrete Approximation halten wir mit [3] den Fall $p = \infty$, eigentlich schon $p \gg 2$, für sinnlos, da Ausreißer in den Daten die Lösung zu stark beeinflussen, was gerade für $p = 1$ und $1 < p < 2$ nicht der Fall ist.

Wir weisen noch auf die Lösung von überbestimmten Gleichungssystemen in [22] hin, die nicht in irgendeiner L_p-Norm, sondern durch Aufaddieren von geeigneten Gleichungen erfolgt.

4. *Interdependente (nichtlineare oder orthogonale) diskrete lineare Approximation*

4.1 Die Gerade durch den Ursprung in der Ebene

In der Einleitung hatten wir schon die Formel

(4.1.1) $\quad S(a, z_1, \ldots, z_m) = \sum_{i=1}^{m} [(y_i - a z_i)^2 + (z_i - x_i)^2]$

für ein Approximationsprinzip hergeleitet, bei dem statt wie bei diesem speziellen Ausgleich mit $y = a x$ üblich, nicht die Quadratsumme der achsenparallelen, sondern die der zu der gesuchten Geraden senkrechten Abstände minimiert werden soll. Wir erinnern auch an Bild B2. Neben dem Parameter a sind jetzt auch die Abszissen z_i ($i = 1, \ldots, m$) gesucht. Diese können jedoch unmittelbar aus den notwendigen Bedingungen $\frac{\partial S}{\partial z_i} = 0$ ($i = 1, \ldots, m$) zu

(4.1.2) $\quad z_i = \frac{1}{1 + a^2} (x_i + a y_i) \quad (i = 1, \ldots, m)$

eliminiert werden. Setzt man die so erhaltenen Werte $z_i = z_i(a)$ in (4.1.2) ein, so ergibt dies

(4.1.3) $\quad S(a) = \frac{1}{1 + a^2} \sum_{i=1}^{m} (y_i - a x_i)^2.$

Aus der letzten Stationaritätsbedingung $\frac{\partial S}{\partial a} = 0$, die man erhält, indem man entweder diese Ableitung nach (4.1.1) bildet und (4.1.2) einsetzt oder gleich (4.1.3) nach a differenziert, ergibt sich die Forderung

(4.1.4) $\quad \sum_{i=1}^{m} (y_i - a x_i)(a y_i + x_i) = 0.$

Dies ist nun eine quadratische Gleichung in a, die sich mit den Abkürzungen

(4.1.5) $\quad B = \sum_{i=1}^{m} x_i y_i, \quad C = \sum_{i=1}^{m} (x_i^2 - y_i^2)$

in der Form

(4.1.6) $Ba^2 + Ca - B = 0$

schreibt.

Ist nun $B = 0$, so ergibt sich $a = 0$, also ein trivialer Sonderfall. Setzen wir $B \neq 0$ voraus, ergeben sich mit

(4.1.7) $D = \dfrac{C}{B}$

die beiden Nullstellen

(4.1.8) $a = -\dfrac{D}{2} \pm \sqrt{\dfrac{D^2}{4} + 1}.$

Setzt man diese Werte in $\dfrac{d^2 S}{da^2}$ ein, so ergibt sich sofort, daß

(4.1.9) $a = -\dfrac{D}{2} + \operatorname{sign}(B) \sqrt{\dfrac{D^2}{4} + 1}$

die Funktion (4.1.3) minimiert, also den gesuchten Wert darstellt. Das andere Vorzeichen in (4.1.8), also der Wert $a' = -\dfrac{D}{2} - \operatorname{sign}(B) \sqrt{\dfrac{D^2}{4} + 1}$ maximiert (4.1.3). Aufgrund der besonderen Gestalt von (4.1.6) gilt übrigens

$$a = -\dfrac{1}{a'},$$

d.h. die minimierende und die maximierende Gerade stehen aufeinander senkrecht.

Bezeichnen wir (4.1.3) einmal mit $S(x, y, a)$, so können wir eine noch bemerkenswertere Eigenschaft des Ausgleichsprinzips (4.1.1) formulieren. Es gilt außer für den Trivialfall $a = 0$ die Beziehung

(4.1.10) $S\left(y, x, \dfrac{1}{a}\right) = \dfrac{1}{1 + \dfrac{1}{a^2}} \sum\limits_{i=1}^{m} \left(x_i - \dfrac{1}{a} y_i\right)^2$

$\qquad\qquad = \dfrac{1}{1 + a^2} \sum\limits_{i=1}^{m} (a x_i - y_i)^2$

$\qquad\qquad = S(x, y, a).$

Dies bedeutet nun, daß man im Falle des Ausgleichs mit dem Modell $x = by$, also mit x als abhängiger und y als unabhängiger Variabler statt wie bisher umgekehrt, den Wert $b = \dfrac{1}{a}$ erhält. Ist also $y = ax$ die eine Ausgleichsgerade, so ist $x = \dfrac{1}{a} y$ die andere. Man darf also die eine Beziehung jeweils nach der anderen auflösen. Die Unterscheidung zwischen abhängiger und unabhängiger Variablen ist bedeutungslos, woraus sich der Name interdependente Regression ergibt.

Das Prinzip ohne diese Erkenntnis ist schon in [24, 53, 77, 78] diskutiert worden. In [72] sind dafür und auch für den sich prinzipiell nicht unterscheidenden Fall $y = a x + b$ FORTRAN-Subroutinen und durchgerechnete Beispiele angegeben. Wir haben die Diskussion an dieser Stelle wiederholt, um die Behandlung des multivariablen Falls (1.22) vorzubereiten.

4.2 Der multivariable Fall

Will man die Lösung eines überbestimmten linearen Gleichungssystems $X a = y$ mit rang $(X) = n$ im eben beschriebenen Sinn lösen, so hat man (1.22) oder in Koordinatenschreibweise

$$(4.2.1) \quad S(a_1, \ldots, a_n, z_{11}, \ldots, z_{1n}, \ldots, z_{m1}, \ldots, z_{mn})$$
$$= \sum_{i=1}^{m} \left[\left(y_i - \sum_{k=1}^{n} z_{ik} a_k \right)^2 + \sum_{k=1}^{n} (z_{ik} - x_{ik})^2 \right]$$

zu minimieren. Dabei ist $Z = (z_{ik})$ jetzt eine Matrix von zunächst unbekannten Parametern. Aus den Forderungen

$$\frac{\partial S}{\partial z_{ij}} = 0 \quad (i = 1, \ldots, m; \ j = 1, \ldots, n)$$

ergibt sich

$$(4.2.2) \quad z_{ij} + a_j \sum_{k=1}^{n} z_{ik} a_k = x_{ij} + a_j y_i.$$

Dies ist für festes i ein lineares Gleichungssystem mit n Unbekannten $z_{i1}, \ldots, z_{in}$. Da die Koeffizientenmatrix eine spezielle Gestalt hat, läßt sich die Lösung explizit zu

$$(4.2.3) \quad z_{ij} = x_{ij} + \frac{a_j}{1 + \sum_{l=1}^{n} a_l^2} \left(y_i - \sum_{l=1}^{n} x_{il} a_l \right)$$

angeben, was sich durch Einsetzen leicht verifizieren läßt. Analog zum Vorgehen im Abschnitt 4.1 setzen wir die Funktion $z_{ij} = z_{ij}(a)$ in (4.2.1) ein und erhalten nach einiger Rechnung

$$(4.2.4) \quad S(a_1, \ldots, a_n) = \frac{1}{1 + \sum_{k=1}^{n} a_k^2} \sum_{i=1}^{m} \left(y_i - \sum_{k=1}^{n} x_{ik} a_k \right)^2.$$

4.2 Der multivariable Fall

Vektoriell geschrieben lautet diese zu minimierende Funktion

(4.2.5) $\quad S(a) = \dfrac{1}{1+\|a\|^2} \|y - Xa\|^2.$

Dabei verstehen wir unter $\| \ \|$ die L_2-Norm und beachten, daß in (4.2.5) die Norm sich einmal auf m- und das andere Mal auf n-dimensionale Vektoren bezieht. Man sieht die Analogie zu (4.1.3). Die Existenz eines Minimums werden wir nicht zeigen können.

Die in Abschnitt 4.1 getroffene Aussage über die Austauschbarkeit der beiden Variablen gilt hier in erweitertem Sinn. Schreibt man wie früher für die, den Spalten von X entsprechenden Variablen $x_k \, (k=1,\ldots,n)$ und für (4.2.4) ausführlicher $S(y, x_1, \ldots, x_n, a_1, \ldots, a_n)$, so rechnet man mittels (4.2.4) nach, daß für $a_k \neq 0$ gilt

(4.2.6) $\quad S(y, x_1, \ldots x_n, a_1, \ldots, a_n)$

$$= S\left(x_k, x_1, \ldots, x_{k-1}, y, x_{k+1}, \ldots, x_n, -\dfrac{a_1}{a_k}, \ldots, -\dfrac{a_{k-1}}{a_k}, \dfrac{1}{a_k}, -\dfrac{a_{k+1}}{a_k}, \ldots, -\dfrac{a_n}{a_k}\right).$$

Sind also etwa $a_1, \ldots, a_n$ Parameter in einem Ansatz

(4.2.7) $\quad y = a_1 x_1 + \ldots + a_n x_n$

und $b_1, \ldots, b_n$ solche in einem durch Vertauschung der abhängigen Variablen y und irgendeiner unabhängigen Variablen x_k entstandenen Ansatz

(4.2.8) $\quad x_k = b_1 x_1 + \ldots + b_{k-1} x_{k-1} + b_k y + b_{k+1} x_{k+1} + \ldots + b_n x_n,$

und könnte man in beiden Fällen Minima gemäß des Ausgleichsprinzips (4.2.5) bestimmen, so gilt für $a_k \neq 0$

(4.2.9)
$$b_k = \dfrac{1}{a_k},$$
$$b_j = -\dfrac{a_j}{a_k} \quad (j \neq k).$$

Im Gegensatz zu der diskreten L_2-Approximation aus Abschnitt 2.2, wie man leicht zeigen kann, gibt es beim interdependenten Ausgleich also keine ausgezeichnete unabhängige Variable. Dies ist nun in vielen praktischen Fällen, wo eine solche Variable nicht immer von vornherein feststeht oder ausgewählt werden kann, sehr wünschenswert. In diesem Fall ist das Ausgleichsprinzip (4.2.1) vorzuziehen.

Die notwendigen Bedingungen für ein Minimum von (4.2.5), nämlich $\dfrac{\partial S}{\partial a_k} = 0$, lauten, da

(4.2.10) $\quad S'_a = -\dfrac{2}{1+\|a\|^2} [S(a)a + X^T y - X^T X a]$

gilt,

(4.2.11) $\quad S(a)a + X^T y - X^T X a = 0.$

Für das System der zweiten Ableitungen gilt

(4.2.12) $\quad S'_a = 0 \rightarrow S''_a = \dfrac{2}{1+\|a\|^2} [X^T X - S(a) E],$

und bekanntlich ist eine Lösung a von (4.2.11) dann Minimum, falls die Matrix der zweiten Ableitungen an der Stelle a positiv definit ist [28].

Bezeichnen wir mit

(4.2.13) $\quad \lambda = \varrho[(X^T X)^{-1}] = \dfrac{1}{\varrho(X^T X)}$

den Spektralradius von $(X^T X)^{-1}$, d. h. den größten Eigenwert dieser positiv definiten Matrix, der mit dem kleinsten Eigenwert von $X^T X$ übereinstimmt [27, 32], so können wir folgendes aussagen:

Gilt für einen Vektor a die Beziehung (4.2.11), so nimmt die in (4.2.5) beschriebene Funktion in a ein Minimum an, falls $S(a) < \lambda$ gilt und es nimmt (4.2.5) ein Maximum an, falls gilt $S(a) > \lambda$, da dann nämlich S''_a entweder positiv oder negativ definit ist.

Einfach können wir noch zeigen, daß $S = S(a)$ nicht mehrere Minima oder Maxima mit gleichem Funktionswert besitzt; wir zeigen, daß, falls für zwei Vektoren a und b gilt $S'_a = S'_b = 0$ und $S(a) = S(b)$, folgt $a = b$. Es ist nämlich

$$S(a)a + X^T y - X^T X a = 0,$$
$$S(b)b + X^T y - X^T X b = 0.$$

Durch Differenzbildung erhalten wir

$$[S(a) E - X^T X](a - b) = 0.$$

Da die Matrix $S(a) E - X^T X$ in dieser Beziehung gemäß den Voraussetzungen entweder positiv oder negativ definit ist, folgt die Behauptung.

Dies sind die uns möglichen theoretischen Aussagen, und wir kommen jetzt zur Diskussion von Iterationsverfahren zur Lösung des nichtlinearen Gleichungssystems (4.2.11) der notwendigen Bedingungen.

Folgende vier Iterationsverfahren bieten sich zwanglos an:

(4.2.14) $\quad a^{(t+1)} = (X^T X)^{-1} [X^T y + S(a^{(t)}) a^{(t)}],$

(4.2.15) $\quad a^{(t+1)} = [X^T X - S(a^{(t)}) E]^{-1} X^T y,$

(4.2.16) $a^{(t+1)} = \dfrac{1}{S(a^{(t)})} [X^T X a^{(t)} - X^T y],$

(4.2.17) $a^{(t+1)} = [X^T X - S(0) E]^{-1} [(S(a^{(t)}) - S(0)) a^{(t)} + X^T y].$

Dabei bedeutet t den Iterationsindex und für alle Verfahren sei der Startvektor $a^{(0)} = 0$ gewählt.

Von der Durchführung her ist (4.2.16) das einfachste Verfahren, da keine Matrix zu invertieren ist. Vom Aufwand her wären (4.2.14) und (4.2.17) als nächste vorzuziehen, da nur einmal eine Dreieckszerlegung einer Matrix und die häufige Lösung von linearen Gleichungssystemen mit gleicher Matrix und verschiedenen rechten Seiten durchzuführen ist.

Eine theoretische Konvergenzaussage können wir für keines der genannten Verfahren machen. Jedoch haben wir empirisch folgende Erfahrungen gewonnen:

Das Verfahren (4.2.14) konvergiert stets gegen das eindeutige Minimum; das Verfahren (4.2.16) stets gegen das eindeutige Maximum. Die Eindeutigkeit können wir nicht beweisen; jedoch unterstützt die Analogie zu dem einfachen Beispiel aus Abschnitt 4.1 diesen Sachverhalt.

Die Verfahren (4.2.15) und (4.2.16) konvergieren, was hier nur für den Fall $n = 1$ empirisch nachgeprüft ist, je nach Ausgangsdaten abwechselnd gegen das Minimum oder das Maximum von (4.2.1). Falls (4.2.15) gegen das Minimum konvergiert, geschieht dies schneller als bei (4.2.14). Da das Verfahren (4.2.14) in zahlreichen Versuchen stets konvergiert hat, haben wir dieses implementiert. Um feststellen zu können, ob wir wirklich ein Minimum im Falle der Konvergenz erhalten haben, ist der Wert λ aus (4.2.13) zu berechnen.

Dazu benützen wir die Potenzmethode [27]. Beginnend mit einem Startvektor

$$e^{(0)} = (e_1^{(0)}, \ldots, e_n^{(0)}) = (1, 1, \ldots, 1)$$

bilden wir die Folgen

(4.2.18) $e^{(t+1)} = (X^T X)^{-1} e^{(t)},$

$\lambda^{(t+1)} = \dfrac{\|e^{(t)}\|_2^2}{\sum_{k=1}^{n} e_k^{(t+1)} e_k^{(t)}},$

$e^{(t+1)} = \lambda^{(t+1)} e^{(t+1)}.$

Dann konvergiert die Folge $\lambda^{(t)}$ gegen den gesuchten Wert von λ, falls der kleinste Eigenwert von $X^T X$ einfach ist [27], was wir stets voraussetzen.

Erfahrungsgemäß konvergiert das Iterationsverfahren (4.2.14) umso schneller, je größer der Quotient aus λ und dem Wert der Funktion S im Minimum ist. Dies sieht man zum Beispiel in den Bildern E6.2 und E6.3, auf die wir noch genauer eingehen werden. Durch den genannten Sachverhalt und die mögliche Vertauschbarkeit des Vektors y mit einer beliebigen Spalte von X ergibt sich ein von uns ungelöstes Optimierungsproblem: nämlich eine solche Spalte von X zu vertauschen, für den der Wert λ der entsprechenden Matrix maximal wird.

Doch nun zu dem (4.2.14) entsprechenden Programm, dessen Erfolg wir nur zeigen, aber nicht beweisen können.

Die Berechnung von $a^{(t+1)}$ in (4.2.14) läßt sich nicht als Lösung eines überbestimmten linearen Gleichungssystems interpretieren; daher muß $X^T X$ explizit gebildet werden, obwohl diese Matrix unter Umständen schlecht konditioniert ist, weshalb wir ja in Abschnitt 2.2 die Transformation mit einer orthogonalen Matrix eingeführt haben. Da die Lösung von linearen Gleichungssystemen mit $X^T X$ als Koeffizientenmatrix auch in (4.2.18) benötigt wird, kann man mittels der in Abschnitt 2.1 beschriebenen Routine DECOMP ein für alle Mal die Dreieckszerlegung von $X^T X$ bilden und kann bei der Lösung der verschiedenen in (4.2.18) und (4.2.14) auftretenden Systeme jeweils SOLVE benutzen.

In der Subroutine NLR aus Bild U11 wird demgemäß zuerst $X^T X$ gebildet, dann DECOMP aufgerufen, dann die Potenzmethode benutzt und schließlich die Iteration (4.2.14) durchgeführt. Die Parameter sind ausführlich in den Kommentarkarten erläutert. Falls die Potenzmethode schon mehr als ITMAX Iterationen benötigt, wird NLR gleich verlassen.

Bild U 11

```
      SUBROUTINE NLR (M,N,X,Y,EPS1,EPS2,ITMAX,IZMAX,A,IA,S,R,RES)
C
C     NICHTLINEARE LINEARE REGRESSION
C     (GLEICHE GEWICHTE BEI ALLEN VARIABLEN)
C
C     MINIMIERT WIRD:
C     S(A) = SUM(Y(I)-SUM(X(I,J)*A(J)))/(1+SUM(A(J)**2))
C
C     M        ANZAHL DER BEOBACHTUNGEN
C     N        ANZAHL DER VARIABLEN
C     X(M,N)   GEGEBENE DATEN
C     Y(M)     GEGEBENE DATEN
C     EPS1     DAS ITERATIONSVERFAHREN WIRD ABGEBROCHEN
C     EPS2     FALLS DIE RELATIVE AENDERUNG VON S KLEINER
C              ALS EPS1 ODER DIE SUMME DER RELATIVEN
C              AENDERUNGEN DER A(K) KLEINER ALS EPS2 WIRD.
C     ITMAX    MAXIMALANZAHL VON DURCHZUFUEHRENDEN ITERATIONEN
C              (BEZIEHT SICH AUCH AUF DIE POTENZMETHODE)
C     IZMAX    ALLE IZMAX ITERATIONEN WERDEN DIE NUMMER DER
C              ITERATION, S UND A AUSGEDRUCKT. FUER IZMAX<=0
C              UNTERBLEIBT EIN AUSDRUCK
C     A(N)     GESUCHTE LOESUNG
C     IA       FUER IA=0 WERDEN STARTWERTE A(K)=0 GESETZT,
C              ANDERNFALLS EINGELESEN
C     S        S(A)
```

```
C       R         KLEINSTER EIGENWERT VON X(I,K)*X(I,J).
C                 FALLS S<R, SO IST A EINE LOESUNG,
C                 ANDERNFALLS VERSAGT STARTVEKTOR A=0.
C                 IST R=0, SO IST DIE POTENZMETHODE NACH
C                 ITMAX ITERATIONEN OHNE KONVERGENZ IM SINNE
C                 DER ABFRAGE ABGEBROCHEN WORDEN. A,S UND RES
C                 SIND NICHT DEFINIERT.
C       RES(M)    RES(I)=(SUM(X(I,K)*A(K))-Y(I))/SQRT(1+SUM(A(K)**2))
C
C       DIMENSION X(M,N),   Y(M),  A(N), RES(M)
        DIMENSION X(100,10),Y(100),A(10),RES(100)
C
C       DIMENSION C(N,N),   P(N), Q(N), IP(N)
        DIMENSION C(10,10),P(10),Q(10),IP(10)
        KI=5
        KO=6
        EPS=.005
        DO 3 K=1,N
            DO 2 J=K,N
                H=0.
                DO 1 I=1,M
                    H=H+X(I,K)*X(I,J)
    1           CONTINUE
                C(K,J)=H
                C(J,K)=H
    2       CONTINUE
    3   CONTINUE
        CALL DECOMP (N,C,IP)
        Z1=1.E30
        IT=0
        DO 4 K=1,N
            P(K)=1.
            Q(K)=1.
    4   CONTINUE
    5   IT=IT+1
        IF(IT.LE.ITMAX) GOTO 6
        ITMAX=IT
        R=0.
        RETURN
    6   CALL SOLVE (N,C,P,IP)
        H1=0.
        H2=0.
        DO 7 K=1,N
            H=Q(K)
            H1=H1+H*H
            H2=H2+H*P(K)
    7   CONTINUE
        Z2=H1/H2
        IF(ABS(Z1-Z2).LT.EPS*Z2) GOTO 9
        Z1=Z2
        DO 8 K=1,N
            H=P(K)*Z1
            P(K)=H
            Q(K)=H
    8   CONTINUE
        GOTO 5
    9   R=Z2
        DO 11 K=1,N
            H=0.
            A(K)=H
            DO 10 I=1,M
                H=H+X(I,K)*Y(I)
```

```
      10      CONTINUE
              P(K)=H
      11 CONTINUE
              CALL SOLVE (N,C,P,IP)
              IF(IA.NE.0) READ(KI,20) (A(K),K=1,N)
              IT=0
              IZ=IZMAX-1
              Z1=1.E30
      12  IT=IT+1
              IF(IT.GT.ITMAX) GOTO 18
              IZ=IZ+1
              Z2=0.
              H1=1.
              DO 13 K=1,N
                  H=A(K)
                  H1=H1+H*H
      13 CONTINUE
              Z=1./SQRT(H1)
              DO 15 I=1,M
                  H2=0.
                  DO 14 K=1,N
                      H=A(K)
                      H2=H2+X(I,K)*H
                      Q(K)=H
      14          CONTINUE
                  H2=H2-Y(I)
                  RES(I)=H2*Z
                  Z2=Z2+H2*H2
      15 CONTINUE
              Z2=Z2/H1
              IF(IZ.NE.IZMAX.OR.IZMAX.LE.0) GOTO 16
              IZ=0
              WRITE(KO,19) IT,Z2,(A(K),K=1,N)
      16  H1=0.
              CALL SOLVE (N,C,Q,IP)
              DO 17 K=1,N
                  H=Z2*Q(K)+P(K)
                  Z=H
                  IF(Z.EQ.0.) Z=1.
                  H1=H1+ABS(H-A(K))/ABS(Z)
                  A(K)=H
      17 CONTINUE
              S=Z1
              Z1=Z2
              IF(ABS(S-Z1).GE.EPS1*Z1.AND.H1.GE.EPS2) GOTO 12
      18  ITMAX=IT
              S=Z2
              RETURN
      19 FORMAT(1X,I5,E16.5,10F11.5)
      20 FORMAT(16F5.0)
              END
```

Bild U 11

Das Hauptprogramm in Bild H6 ruft für eingelesenes X und y die Routine NLR auf und berechnet mittels (4.2.9) noch alle n möglichen Koeffizienten - n - Tupel, die sich bei sukzessiver Vertauschung von y mit den n Spalten von X ergeben würden. Dabei wird die allerdings praktisch nie auftretende Einschränkung A(K) $\neq$ 0 nicht abgefragt.

4.2 Der multivariable Fall

```
C
C      NICHTLINEARER LINEARER AUSGLEICH
C
       DIMENSION X(100,10),Y(100),A(10),RES(100),B(10)
       KI=5
       KO=6
     1 READ(KI,2) M,N,IZMAX,ITMAX,EPS1,EPS2
     2 FORMAT(4I5,2F10.0)
       IF(N.LE.0.OR.N.GT.10.OR.M.LE.0.OR.M.GT.100.OR.
      *    M.LT.N) STOP
       IF(IZMAX.LE.0) IZMAX=0
       IF(ITMAX.LE.0) ITMAX=100
       IF(EPS1.LE.0.) EPS1=1.E-6
       IF(EPS2.LE.0.) EPS2=5.E-4
       DO 3 I=1,M
            READ(KI,4) (X(I,K),K=1,N)
     3 CONTINUE
     4 FORMAT(16F5.0)
       READ(KI,4) (Y(I),I=1,M)
       WRITE(KO,5) M,N,ITMAX,IZMAX,EPS1,EPS2
     5 FORMAT('1','M=',I3,'   N=',I2,'   ITMAX=',I4,
      *       '   IZMAX=',I1,'   EPS1=',F9.6,
      *       '   EPS2=',F8.5)
       WRITE(KO,6)
     6 FORMAT('0')
C
       IA=0
       CALL NLR (M,N,X,Y,EPS1,EPS2,ITMAX,IZMAX,A,IA,S,R,RES)
C
       DO 7 I=1,M
            WRITE(KO,8) (X(I,K),K=1,N),Y(I),RES(I)
     7 CONTINUE
     8 FORMAT(1X,12F11.4)
       WRITE(KO,9) ITMAX,S,R
     9 FORMAT('0','ITMAX=',I3,'   S=',F9.3,
      *       '   KLEINSTER EIGENWERT=',F9.3)
       WRITE(KO,6)
       IF(S.LT.R) WRITE(KO,10)
    10 FORMAT(1X,'MINIMUM ERREICHT:')
       IF(S.GE.R) WRITE(KO,11)
    11 FORMAT(1X,'MINIMUM NICHT ERREICHT:')
       WRITE(KO,6)
       WRITE(KO,8) (A(K),K=1,N)
       WRITE(KO,12)
    12 FORMAT('0','LOESUNGEN BEI SUKZESSIVER VERTAUSCHUNG:')
       WRITE(KO,6)
       DO 14 K=1,N
            H=1./A(K)
            B(K)=H
            DO 13 J=1,N
                 IF(J.NE.K) B(J)= - H*A(J)
    13      CONTINUE
            WRITE(KO,8) (B(J),J=1,N)
    14 CONTINUE
       GOTO 1
       END
```

Bild H 6

Der Ausdruck in den Beispielen E6.1, E6.2 und E6.3 ist selbstsprechend. Wie bereits erwähnt, sieht man in den Beispielen E6.2 und E6.3 - in E6.3 ist die vierte Spalte y mit der ersten Spalte von X gegenüber E6.2 vertauscht - den Unterschied von ITMAX = 7 und ITMAX = 27 bei einem Verhältnis der kritischen Parameter von 10.590 : 2.859 und 3.376 : 2.859.

```
M= 20    N= 5    ITMAX= 100    IZMAX=0    EPS1= 0.000001    EPS2= 0.00050

     51.0000      93.0000      11.0000     104.0000      63.0000     340.0000     -1.6715
    102.0000      47.0000      23.0000      97.0000      57.0000     370.0000      1.0349
     38.0000      15.0000       7.0000      40.0000      20.0000     133.0000     -0.0144
    138.0000      50.0000      25.0000     140.0000      81.0000     383.0000      1.1050
    100.0000     110.0000      20.0000     151.0000      90.0000     487.0000     -1.7974
    270.0000     183.0000      57.0000     332.0000     201.0000     993.0000      3.1443
     37.0000      40.0000       5.0000      53.0000      17.0000     167.0000      1.3878
    111.0000      63.0000      17.0000     153.0000      67.0000     401.0000      1.7408
     25.0000     107.0000       8.0000      83.0000      57.0000     247.0000      1.0111
    107.0000     108.0000      37.0000      44.0000      80.0000     360.0000      3.1790
    340.0000     301.0000      57.0000     401.0000     267.0000     999.0000      0.9550
     93.0000      94.0000       9.0000     153.0000      95.0000     341.0000     -6.3875
     63.0000      33.0000      11.0000      64.0000      33.0000     201.0000      0.5837
     77.0000      37.0000       8.0000      73.0000      37.0000     221.0000     -3.4969
    111.0000      37.0000      17.0000      91.0000      41.0000     299.0000      0.5517
    144.0000      53.0000      25.0000     163.0000      71.0000     423.0000      5.5680
     17.0000      11.0000       5.0000      11.0000      17.0000      67.0000     -1.6404
    161.0000      80.0000      31.0000     177.0000     100.0000     573.0000     -0.6954
    200.0000     137.0000      53.0000     216.0000     171.0000     767.0000     -0.0968
    160.0000      70.0000      20.0000     130.0000      83.0000     467.0000    -10.4516

ITMAX=   8    S=   232.297    KLEINSTER EIGENWERT=   424.849

MINIMUM ERREICHT:

    -1.6158       1.4327      18.8891       3.6083      -5.1963

LOESUNGEN BEI SUKZESSIVER VERTAUSCHUNG:

    -0.6189       0.8867      11.6905       2.2332      -3.2160
     1.1278       0.6980     -13.1842      -2.5185       3.6269
     0.0855      -0.0758       0.0529      -0.1910       0.2751
     0.4478      -0.3971      -5.2350       0.2771       1.4401
    -0.3109       0.2757       3.6351       0.6944      -0.1924
```

Bild E 6.1

Bild E 6.2

```
M= 10    N= 3    ITMAX= 100    IZMAX=0    EPS1= 0.000001    EPS2= 0.00050

      2.0000      -1.0000       4.0000       1.0000       1.1043
      1.0000       1.0000       0.0          -2.0000      -0.6678
      3.0000       5.0000      10.0000       4.0000      -0.3759
      5.0000       1.0000       9.0000       3.0000       0.2496
      7.0000       1.0000      10.0000       4.0000      -0.7264
      0.0          7.0000       9.0000       3.0000       0.1524
      1.0000       1.0000       2.0000       1.0000      -0.3734
      1.0000       3.0000       5.0000       2.0000      -0.1442
      5.0000       0.0          7.0000       1.0000       0.2453
      2.0000       5.0000       9.0000       1.0000       0.4677

ITMAX= 27    S=     2.859    KLEINSTER EIGENWERT=       3.376
```

```
MINIMUM ERREICHT:

   -2.5424    -2.1848     2.1018

LOESUNGEN BEI SUKZESSIVER VERTAUSCHUNG:

   -0.3933    -0.8593     0.8267
   -1.1637    -0.4577     0.9620
    1.2097     1.0395     0.4758
```

Bild E 6.2

```
M= 10   N= 3   ITMAX= 100   IZMAX=0   EPS1= 0.000001   EPS2= 0.00050

    1.0000     2.0000    -1.0000     4.0000    -1.1046
   -2.0000     1.0000     1.0000     0.0        0.6707
    4.0000     3.0000     5.0000    10.0000     0.3749
    3.0000     5.0000     1.0000     9.0000    -0.2500
    4.0000     7.0000     1.0000    10.0000     0.7257
    3.0000     0.0        7.0000     9.0000    -0.1529
    1.0000     1.0000     1.0000     2.0000     0.3731
    2.0000     1.0000     3.0000     5.0000     0.1436
    1.0000     5.0000     0.0        7.0000    -0.2439
    1.0000     2.0000     5.0000     9.0000    -0.4656

ITMAX=  7   S=    2.859   KLEINSTER EIGENWERT=   10.590

MINIMUM ERREICHT:

    0.4739     1.2105     1.0402

LOESUNGEN BEI SUKZESSIVER VERTAUSCHUNG:

    2.1102    -2.5544    -2.1950
   -0.3915     0.8261    -0.8593
   -0.4556    -1.1637     0.9614
```

Bild E 6.3

4.3 Variablenauswahl

Im Prinzip stehen wir vor dem gleichen Problem wie im Abschnitt 2.3 und lösen es auf die gleiche Weise durch Enumeration.

Dies wird erledigt durch das Hauptprogramm in Bild H7. Die Beispiele E7.1, E7.2, E7.3 und E7.4 entsprechen E2.1, E2.2, E2.3 und E2.4. Neben den Fehlerquadratsummen sind die Spektralradien ausgewiesen und der Zusammenhang mit der Konvergenzgeschwindigkeit kann an der Anzahl der durchgeführten Iterationen abgelesen werden.

```
C        BERECHNUNG ALLER 2**N-1 REGRESSIONEN (M>N)
C        BEIM NICHTLINEAREN LINEAREN AUSGLEICH
C
         DIMENSION X(100,10),Y(100),A(10),RES(100),
        *          ID(10),XX(100,10)
         KI=5
         KO=6
       1 READ(KI,2) M,N,IZMAX,ITMAX,EPS1,EPS2
       2 FORMAT(4I5,2F10.0)
         IF(N.LE.0.OR.N.GT.10.OR.M.LE.0.OR.N.GT.100) STOP
         IF(IZMAX.LE.0) IZMAX=0
         IF(ITMAX.LE.0) ITMAX=200
         IF(EPS1.LE.0.) EPS1=1.E-6
         IF(EPS2.LE.0.) EPS2=5.E-4
         DO 3 I=1,M
             READ(KI,4) (X(I,K),K=1,N)
       3 CONTINUE
       4 FORMAT(16F5.0)
         READ(KI,4) (Y(I),I=1,M)
         WRITE(KO,5) M,N,ITMAX,IZMAX,EPS1,EPS2
       5 FORMAT('1','M=',I3,'   N=',I2,'   ITMAX=',I4,
        *       '   IZMAX=',I1,'   EPS1=',F9.6,
        *       '   EPS2=',F8.5)
         WRITE(KO,6)
       6 FORMAT('0')
         DO 7 I=1,M
             WRITE(KO,8) (X(I,K),K=1,N),Y(I)
       7 CONTINUE
       8 FORMAT(1X,11F8.2)
         WRITE(KO,6)
         JJ=2**N
         J=1
         DO 9 K=1,N
             ID(K)=0
       9 CONTINUE
      10 L=0
         J=J+1
         IF(J.GT.JJ) GOTO 1
         CALL COMBO1 (N,ID)
         DO 12 K=1,N
             IF(ID(K).EQ.0) GOTO 12
             L=L+1
             DO 11 I=1,M
                 XX(I,L)=X(I,K)
      11     CONTINUE
      12 CONTINUE
         KTMAX=ITMAX
         IA=0
         CALL NLR (M,L,XX,Y,EPS1,EPS2,KTMAX,IZMAX,A,IA,S,R,RES)
         IF(S.LT.R) GOTO 14
         WRITE(KO,13) KTMAX,R,S,(ID(K),K=1,N)
      13 FORMAT(1X,I3,2X,F10.2,F9.2,2X,10I1)
         GOTO 10
      14 WRITE(KO,13) KTMAX,R,S,(ID(K),K=1,N)
         WRITE(KO,15) (A(K),K=1,L)
      15 FORMAT('+',38X,10F9.4)
         GOTO 10
         END
```

Bild H 7

In Bild E7.3 stimmen die bezüglich (4.2.1) optimalen Kombinationen von $1 \leq l \leq n$ Variablen mit denen von E2.3 überein. In Bild E7.4 hat man

(4.3.1) $l = 1 : x_3$

$l = 2 : x_3, x_4$

$l = 3 : x_1, x_3, x_4$

$l = 4 : x_1, x_3, x_4, x_5$,

was sich von (2.3.6) unterscheidet.

In den Bildern E7.5 bis E7.8 sind für sämtliche Vertauschungen bei $n = 3$ alle Kombinationen durchgerechnet. In den Bildern E7.6 und E7.7 werden im Schnitt die geringsten Iterationszahlen benötigt. Die in den Bildern enthaltenen Beispiele mit insgesamt nur zwei Variablen ließen sich natürlich auch direkt mit (4.1.9) berechnen.

```
M=  9   N= 2   ITMAX= 200   IZMAX=0   EPS1= 0.000001   EPS2= 0.00050

         1.00       1.00       5.00
         2.00       1.00       2.00
         3.00       1.00       3.00
         4.00       1.00       6.00
         5.00       1.00       1.00
         6.00       1.00       2.00
         7.00       1.00       7.00
         8.00       1.00       5.00
         9.00       1.00       1.00


    6    285.00     49.38    10        0.6663
    5      9.00      2.25    01        4.7418
   10      1.85      1.10    11       -0.9185       9.2834
```

Bild E 7.1

```
M= 13   N= 3   ITMAX= 200   IZMAX=0   EPS1= 0.000001   EPS2= 0.00050

       108.00     44.00    165.00    180.00
        47.00     42.00    179.00    225.00
        38.00     44.00    140.00    218.00
        92.00     27.00    139.00    151.00
        47.00     20.00    107.00    134.00
         8.00     13.00     77.00     92.00
        50.00     24.00    124.00    123.00
        56.00     25.00    141.00    142.00
        24.00      7.00     39.00     41.00
         4.00     26.00     98.00    134.00
         5.00     26.00    107.00    164.00
        53.00     23.00     65.00     90.00
       192.00     62.00    135.00    216.00


    6   71980.00  21564.65   100        2.4177
    3   13909.00    565.10   010        4.8647
    4    2572.25    211.86   110       -0.7703       6.3167
    3  195846.00   3343.28   001        1.2751
    6   20248.25   3340.76   101        0.0176       1.2664
    9    1169.21    478.67   011        3.1830       0.4451
    6     641.14    127.85   111       -0.4855       3.8754       0.5045
```

Bild E 7.2

```
M= 30    N= 5    ITMAX= 200    IZMAX=0    EPS1= 0.000001    EPS2= 0.00050


     29.00    289.00    216.00     85.00     14.00     1.00
     30.00    391.00    244.00     92.00     16.00     2.00
     30.00    424.00    246.00     90.00     18.00     2.00
     30.00    313.00    239.00     91.00     10.00     0.0
     35.00    243.00    275.00     95.00     30.00     2.00
     35.00    365.00    219.00     95.00     21.00     2.00
     43.00    396.00    267.00    100.00     39.00     3.00
     43.00    356.00    274.00     79.00     19.00     2.00
     44.00    346.00    255.00    126.00     56.00     3.00
     44.00    156.00    258.00     95.00     28.00     0.0
     44.00    278.00    249.00    110.00     42.00     4.00
     44.00    349.00    252.00     88.00     21.00     1.00
     44.00    141.00    236.00    129.00     56.00     1.00
     44.00    245.00    236.00     97.00     24.00     1.00
     45.00    297.00    256.00    111.00     45.00     3.00
     45.00    310.00    262.00     94.00     20.00     2.00
     45.00    151.00    339.00     96.00     35.00     3.00
     45.00    370.00    357.00     88.00     15.00     4.00
     45.00    379.00    198.00    147.00     64.00     4.00
     45.00    463.00    206.00    105.00     31.00     3.00
     45.00    316.00    245.00    132.00     60.00     4.00
     45.00    280.00    225.00    108.00     36.00     4.00
     44.00    395.00    215.00    101.00     27.00     1.00
     49.00    139.00    220.00    134.00     59.00     0.0
     49.00    245.00    205.00    113.00     37.00     4.00
     49.00    373.00    215.00     88.00     25.00     1.00
     51.00    224.00    215.00    118.00     54.00     3.00
     51.00    677.00    210.00    116.00     33.00     4.00
     51.00    424.00    210.00    140.00     59.00     4.00
     51.00    150.00    210.00    105.00     30.00     0.0


  3      57048.06    53.14    10000         0.0528
  2    3378573.00    48.86    01000         0.0069
  3       7745.32    44.89    11000         0.0226    0.0042
  2    1792506.00    57.90    00100         0.0093
  4       2679.40    52.87    10100         0.0431    0.0018
  2     179222.69    46.24    01100         0.0048    0.0031
  4       2406.99    44.88    11100         0.0237    0.0042   -0.0002
  2     344210.13    50.21    00010         0.0217
  3       1195.64    50.16    10010         0.0060    0.0193
  3      44762.18    43.33    01010         0.0038    0.0107
  4       1157.83    43.17    11010        -0.0112    0.0039    0.0148
  3      19472.86    49.97    00110         0.0014    0.0186
  4        924.97    49.97    10110        -0.0017    0.0015    0.0190
  3      18043.17    43.25    01110         0.0039   -0.0009    0.0122
  4        920.30    43.16    11110        -0.0096    0.0040   -0.0003    0.0148
  3      42354.04    54.76    00001         0.0610
  3       3260.18    48.53    10001         0.0293    0.0292
  3      13056.20    36.86    01001         0.0041    0.0302
  4       2112.00    35.47    11001        -0.0216    0.0055    0.0433
  3       9198.07    46.61    00101         0.0046    0.0348
  4       1209.34    46.58    10101        -0.0048    0.0051    0.0366
  3       9160.98    36.76    01101         0.0045   -0.0007    0.0320
  4       1050.50    34.53    11101        -0.0436    0.0053    0.0036    0.0479
  3       2961.74    48.90    00011         0.0149    0.0201
  4        900.18    48.42    10011         0.0204    0.0051    0.0249
  4       1811.47    32.96    01011         0.0070   -0.0219    0.0687
  4        855.55    32.62    11011         0.0170    0.0070   -0.0299    0.0725
  4       1482.57    46.46    00111         0.0058   -0.0055    0.0424
  4        882.50    46.46    10111         0.0013    0.0058   -0.0059    0.0425
  4       1038.43    28.95    01111         0.0074    0.0075   -0.0501    0.0999
  4        855.38    28.85    11111        -0.0099    0.0075    0.0081   -0.0475    0.0999
```

Bild E 7.3

4.3 Variablenauswahl

```
M= 20   N= 5   ITMAX= 200   IZMAX=0   EPS1= 0.000001   EPS2= 0.00050


     51.00      93.00     11.00    104.00     63.00    340.00
    102.00      47.00     23.00     97.00     57.00    370.00
     38.00      15.00      7.00     40.00     20.00    133.00
    138.00      50.00     25.00    140.00     81.00    383.00
    100.00     110.00     20.00    151.00     90.00    487.00
    270.00     183.00     57.00    332.00    201.00    993.00
     37.00      40.00      5.00     53.00     17.00    167.00
    111.00      63.00     17.00    153.00     67.00    401.00
     25.00     107.00      8.00     83.00     57.00    247.00
    107.00     108.00     37.00     44.00     80.00    360.00
    340.00     301.00     57.00    401.00    267.00    999.00
     93.00      94.00      9.00    153.00     95.00    341.00
     63.00      33.00     11.00     64.00     33.00    201.00
     77.00      37.00      8.00     73.00     37.00    221.00
    111.00      37.00     17.00     91.00     41.00    299.00
    144.00      53.00     25.00    163.00     71.00    423.00
     17.00      11.00      5.00     11.00     17.00     67.00
    161.00      80.00     31.00    177.00    100.00    573.00
    200.00     137.00     53.00    216.00    171.00    767.00
    160.00      70.00     20.00    130.00     83.00    467.00


   3    401171.13  11362.24   10000           3.4423
   3    224117.06  20805.57   01000           4.7614
  12     19424.04  11105.90   11000           3.0741    0.5107
   3     15344.00    766.91   00100          17.8213
  24       864.52    706.12   10100          -2.0628   28.4756
   8      2192.24    762.72   01100           0.2402   16.9262
  26       838.86    703.81   11100          -1.8985    0.2828   26.5729
   3    532984.31  14868.92   00010           2.9847
 102      9324.03   9099.06   10010          11.6267   -7.1012
  26     14687.50  12085.34   01010          -2.7289    4.6947
  69      7970.70   7648.04   11010           9.0562    4.0013   -7.3745
   7      1746.56    568.60   00110          10.6980    1.1968
   9       800.01    391.41   10110          -1.9352   14.7136    2.2015
   8      1652.48    560.70   01110          -0.2258   10.8960    1.3049
  11       672.11    361.35   11110          -2.2819   -0.6650   16.0294    2.6976
   3    213020.00   6670.23   00001           4.7336
  47      6521.05   5983.84   10001          -3.1591    9.0737
  10      4826.49   2330.75   01001          -4.4202    9.1189
  77      1771.84   1711.26   11001          -8.5702  -15.3983   31.7708
  20       984.50    744.96   00101          22.9502   -1.3642
  38       775.18    699.36   10101          -2.1733   33.2975   -1.1310
  35       727.56    641.55   01101           3.9673   32.4895   -7.8334
  41       701.73    639.18   11101          -0.6330    3.8869   35.3078   -7.6339
  52      5117.09   4766.20   00011          -5.8870   14.0548
  69      4968.95   4754.53   10011          -0.7537   -6.2525   15.6685
  27      2460.76   2060.34   01011          -6.4132   -2.4634   14.9941
 111      1699.99   1670.09   11011          -9.9680  -19.6177   -3.0184   42.6494
   8       895.54    398.75   00111          13.6795    2.3089   -2.5535
   9       475.51    266.96   10111          -2.1777   18.7679    3.6326   -3.0107
   9       565.82    284.25   01111           1.9364   15.6541    2.7521   -5.6994
   8       424.85    232.30   11111          -1.6158    1.4327   18.8891    3.6083   -5.1963
```

Bild E 7.4

4. Interdependente (nichtlineare oder orthogonale) diskrete lineare Approximation

```
M= 10   N= 3   ITMAX= 200   IZMAX=0   EPS1= 0.000001   EPS2= 0.00050

      1.00      2.00      4.00     -1.00
     -2.00      1.00      0.0       1.00
      4.00      3.00     10.00      5.00
      3.00      5.00      9.00      1.00
      4.00      7.00     10.00      1.00
      3.00      0.0       9.00      7.00
      1.00      1.00      2.00      1.00
      2.00      1.00      5.00      3.00
      1.00      5.00      7.00      0.0
      1.00      2.00      9.00      5.00


      8        62.00     25.06    100          1.5424
     15       119.00     75.89    010          0.9270
     11        19.53     10.59    110          2.6538    -1.2221
      4       537.00     40.32    001          0.3825
    113         9.74      9.53    101        -12.0745     4.1602
      5        29.59      3.38    011         -1.1711     0.8235
      8         9.58      2.86    111         -0.4555    -1.1637    0.9613
```

Bild E 7.5

```
M= 10   N= 3   ITMAX= 200   IZMAX=0   EPS1= 0.000001   EPS2= 0.00050

      1.00      2.00     -1.00      4.00
     -2.00      1.00      1.00      0.0
      4.00      3.00      5.00     10.00
      3.00      5.00      1.00      9.00
      4.00      7.00      1.00     10.00
      3.00      0.0       7.00      9.00
      1.00      1.00      1.00      2.00
      2.00      1.00      3.00      5.00
      1.00      5.00      0.0       7.00
      1.00      2.00      5.00      9.00


      4        62.00      9.74    100          3.1760
      6       119.00     29.59    010          2.3821
     11        19.53      9.58    110          2.8573     0.2493
      7       113.00     40.32    001          2.6137
      9        25.06      9.53    101          2.9114     0.2325
      3       155.14      3.38    011          1.4221     1.2143
      7        10.59      2.86    111          0.4739     1.2105    1.0402
```

Bild E 7.6

```
M= 10   N= 3   ITMAX= 200   IZMAX=0   EPS1= 0.000001   EPS2= 0.00050

         2.00    -1.00     4.00     1.00
         1.00     1.00     0.0     -2.00
         3.00     5.00    10.00     4.00
         5.00     1.00     9.00     3.00
         7.00     1.00    10.00     4.00
         0.0      7.00     9.00     3.00
         1.00     1.00     2.00     1.00
         1.00     3.00     5.00     2.00
         5.00     0.0      7.00     1.00
         2.00     5.00     9.00     1.00


     5       119.00     19.53    100        0.6534
     6       113.00     25.06    010        0.6481
     4       155.14     10.59    110        0.4606     0.3767
     3       537.00      9.74    001        0.3148
     7        29.59      9.58    101       -0.0871     0.3499
     7        40.32      9.53    011       -0.0798     0.3435
    27         3.38      2.86    111       -2.5424    -2.1848    2.1018
```

Bild E 7.7

```
M= 10   N= 3   ITMAX= 200   IZMAX=0   EPS1= 0.000001   EPS2= 0.00050

         1.00    -1.00     4.00     2.00
        -2.00     1.00     0.0      1.00
         4.00     5.00    10.00     3.00
         3.00     1.00     9.00     5.00
         4.00     1.00    10.00     7.00
         3.00     7.00     9.00     0.0
         1.00     1.00     2.00     1.00
         2.00     3.00     5.00     1.00
         1.00     0.0      7.00     5.00
         1.00     5.00     9.00     2.00


     7        62.00     19.53    100        1.5302
    17       113.00     75.89    010        1.0770
     9        25.06     10.59    110        2.1708    -0.8176
     4       537.00     29.59    001        0.4198
   126         9.74      9.58    101      -10.9185     3.8402
     4        40.32      3.38    011       -0.8539     0.7032
     8         9.54      2.86    111       -0.3914    -0.8593    0.8261
```

Bild E 7.8

5. Nichtlineare Gleichungssysteme und diskrete nichtlineare L_2-Approximation

5.1 Nichtlinearer Ausgleich bei einem nichtlinearen Parameter

In diesem Kapitel behandeln wir das schon in der Einleitung beschriebene Problem der nichtlinearen diskreten L_2-Approximation, wobei wir die mehrmalige Differenzierbarkeit von auftretenden Funktionen voraussetzen.

Gegeben ist also eine Datenmatrix X vom Typ (m, l) und ein Vektor y der Länge m und ein Modell

(5.1.1) $\quad f = f(a, x) = f(a_1, \ldots, a_n, x_1, \ldots, x_l)$

mit Parametervektor a der Länge n und Variablenvektor x der Länge l. (Im linearen Modell (2.3.1) ist $l = n$.)

Gesucht ist a derart, daß

(5.1.2) $\quad S(a) = \|f(a, X) - y\|_2^2$

minimiert wird, wobei der Vektor $f(a, X)$ durch die Komponenten

(5.1.3) $\quad f_i = f(a_1, \ldots, a_n, x_{i1}, \ldots, x_{il})$

definiert ist. Dieses Problem muß keine Lösung, kann aber eine oder mehrere Lösungen haben, von denen die mit dem niedrigsten Wert für (5.1.2) herausgesucht werden muß.

Dies gelingt in einem Spezialfall, dem wir diesen Abschnitt und für spezielle, sehr häufige Modelle [38, 44] und $l = 1$ ein Buch [72] gewidmet haben, nämlich falls f nur einen der Parameter $a_1, \ldots, a_n$, o.B.d.A. a_n nichtlinear enthält.

Beispiele für $n = 3$ und $l = 1$ bzw. $l = 2$ sind

$$f(a, x) = a_1 + a_2 x e^{-a_3 x}$$

und

$$f(a, x) = a_1 + a_2 x_1 e^{-a_3 x_2}.$$

Schreibt man (5.1.2) in der Form

(5.1.4) $\quad S = S(a_1, \ldots, a_n),$

so kann man aus den ersten $n-1$ notwendigen Bedingungen von

(5.1.5) $\quad \dfrac{\partial S}{\partial a_k} = 0 \quad (k = 1, \ldots, n)$

die linear auftretenden Parameter $a_1, \ldots, a_{n-1}$ als Funktionen von a_n eliminieren.

Dann hat man prinzipiell zwei Möglichkeiten. Einmal kann man ähnlich wie im vorigen Kapitel, die $a_k = a_k(a_n)$ $(k=1, \ldots, n-1)$ in (5.1.4) einsetzen und erhält eine zu minimierende Funktion

(5.1.6) $\quad S = S(a_n) = S(a_1(a_n), \ldots, a_{n-1}(a_n), a_n)$

nur der einen nichtlinearen Variablen a_n.

Zum anderen kann man $a_k = a_k(a_n)$ $(k=1, \ldots, n-1)$ in die verbleibende Gleichung von (5.1.5) einsetzen und man erhält ein Nullstellenproblem

(5.1.7) $\quad \dfrac{\partial S}{\partial a_n} = \dfrac{\partial S}{\partial a_n}(a_n) = \dfrac{\partial S}{\partial a_n}(a_1(a_n), \ldots, a_{n-1}(a_n), a_n) = 0$

in einer nichtlinearen Variablen a_n [59, 60].

Hier muß man alle Nullstellen ausrechnen und mit Hilfe von $\dfrac{\partial^2 S}{\partial a_n^2}$ überprüfen, ob diese Minima oder Maxima von (5.1.2) entsprechen und schließlich dasjenige Minimum mit dem kleinsten Funktionswert heraussuchen.

Im Falle der Minimierung von (5.1.6) kann man etwa $S = S(a_n)$ tabellieren oder mit einem Iterationsverfahren von verschiedenen Startwerten oder Startwertintervallen ausgehend verschiedene Minima finden. Da hier die Maxima entsprechenden Werte nicht gefunden werden müssen, halten wir dieses Verfahren für entschieden geeigneter.

Wir vergleichen jetzt die beiden Verfahren an einem in [72] nicht in dieser Form enthaltenen Beispiel

(5.1.8) $\quad f(a, x) = a_1 e^{a_2 x} = b e^{a x}$

und lernen dabei eine Nullstellenmethode und eine Minimierungsmethode für univariable Funktionen kennen.

Das aus [12] stammende, auch schon in [72] verwandte Minimierungsprinzip der Trisektion läßt sich am besten anhand von Bild B3 schildern. Vorausgesetzt wird, daß die zu minimierende Funktion S in einem gegebenen Startwertintervall unimodal ist, d.h. daß S von einem Ende her monoton bis zum gesuchten Wert hin fällt und dann wieder monoton wächst. Wählt man das Startwertintervall nicht völlig unsinnig, so ist diese Voraussetzung für (5.1.2) mit Funktionen der Art (5.1.8) erfahrungsgemäß stets erfüllt.

Das Startwertintervall wird nun jeweils in drei Teile geteilt und stets dasjenige äußere Drittel weggelassen, an dessen innerem Randpunkt S den größeren Wert annimmt. In Bild B3 sieht man die Entwicklung für fünf Iterationen.

In der Subroutine TRISEC aus Bild U12 wird solch ein Verfahren für das

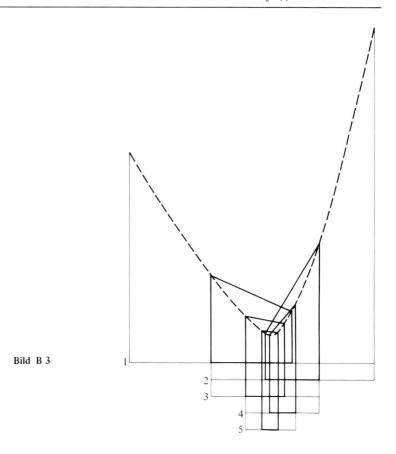

Bild B 3

Startwertintervall [U, V] und eine Funktion mit dem Namen F und der Variablen A solange durchgeführt, bis das innere Intervall nur noch eine Länge EPS hat. A enthält dann den Wert des gesuchten Parameters.

Bild U 12

```
      SUBROUTINE TRISEC (U,V,F,A,FA,EPS)
C
C     EXTERNAL F
C     IM RUFENDEN PROGRAMM
C
   1  W=(V-U)/3.
      Z=U+W
      SU=F(Z)
      Z=V-W
      SV=F(Z)
      IF(SU.NE.SV) GOTO 2
      I=0
      V=V-W
      GOTO 4
```

5.1 Nichtlinearer Ausgleich bei einem nichtlinearen Parameter

```
    2 I=1
      IF(SV.LE.SU) GOTO 3
      V=V-W
      GOTO 4
    3 U=U+W
    4 IF(ABS(W).GE.EPS) GOTO 1
      IF(I.EQ.0) A=.5*(U+V)
      IF(I.NE.0) A=U+W
      FA=F(A)
      RETURN
      END
```

Bild U 12

Die Funktion SE2 aus Bild U13 beschreibt (5.1.6) bezüglich (5.1.8) und wird im Hauptprogramm in Bild H8, wo das Startwertintervall [S1,S2] heißt, von TRISEC aufgerufen. Der Parameter $B = b$ wird als Funktion von A im COMMON-Statement übergeben.

```
      FUNCTION SE2(A)
C
C     AUSGLEICH MIT Y = B*EXP(A*X)
C     FEHLERQUADRATSUMME S=S(A) UND B=B(A)
C
      DIMENSION X(50),Y(50),P(50),T(50)
      COMMON X,Y,P,B,N
      C=0.
      D=0.
      DO 1 K=1,N
           EA=EXP(A*X(K))
           T(K)=EA
           EB=EA*P(K)
           C=C+EB*Y(K)
           D=D+EB*EA
    1 CONTINUE
      B=C/D
      C=0.
      DO 2 K=1,N
           D=Y(K)-B*T(K)
           C=C+P(K)*D*D
    2 CONTINUE
      SE2=C
      RETURN
      END
```

Bild U 13

```
C
C        PROGRAMM ZUR ANPASSUNG MIT Y = B*EXP(A*X)
C
C        VERSION 1 : MINIMIERUNG VON S = S(A) MIT TRISEC
C
         EXTERNAL SE2
         COMMON X,Y,P,B,N
         DIMENSION X(50),Y(50),P(50)
         KI=5
         KO=6
      1  READ(KI,2) N,S1,S2,IP,EPS
      2  FORMAT(I5,2F5.0,I5,F10.0)
         IF(N.LE.0.OR.N.GT.50) STOP
         IF(EPS.LE.0.) EPS=1.E-5
         WRITE(KO,8)
         WRITE(KO,14) S1,S2
         WRITE(KO,11)
         READ(KI,13) (X(K),K=1,N)
         READ(KI,13) (Y(K),K=1,N)
         IF(IP.GE.0) GOTO 3
         READ(KI,13) (P(K),K=1,N)
         GOTO 7
      3  IF(IP.EQ.1) GOTO 5
         DO 4 K=1,N
            P(K)=1.
      4  CONTINUE
         GOTO 7
      5  DO 6 K=1,N
            P(K)=1./Y(K)
      6  CONTINUE
      7  CALL TRISEC (S1,S2,SE2,A,FA,EPS)
      8  FORMAT('1')
         DO 9 K=1,N
            U=X(K)
            V=Y(K)
            R=V-B*EXP(A*U)
            WRITE(KO,10) K,U,V,R,P(K)
      9  CONTINUE
     10  FORMAT(1X,I3,2F8.2,F10.4,F8.2)
         WRITE(KO,11)
     11  FORMAT('0')
         WRITE(KO,12) EPS,FA,A,B
     12  FORMAT(F8.6,F12.6,2F9.4)
     13  FORMAT(16F5.0)
     14  FORMAT(1X,2F4.1)
         GOTO 1
         END
```

Bild H 8

Die Beispiele in Bild E8 zeigen für die Startwertintervalle $[-1.5, -.5]$, $[-.5, .5]$ und $[.5, 1.5]$ die Ergebnisse, die den in diesem Fall vorhandenen drei Minima entsprechen. Das absolute Minimum ergibt sich für $A = 1.2891$ und $B = 0.0434$ mit dem Wert $FA = 6.356138$ für die zu minimierende Funktion.

```
-1.5-0.5

   1    -3.00     1.00    -0.1336    1.00
   2    -2.00     1.00     0.6072    1.00
   3     0.0     -2.00    -2.0472    1.00
   4     2.00     1.00     0.9943    1.00
   5     3.00     2.00     1.9980    1.00


 .000010     9.558270    -1.0598    0.0472



-0.5 0.5

   1    -3.00     1.00     0.9200    1.00
   2    -2.00     1.00     0.8681    1.00
   3     0.0     -2.00    -2.3584    1.00
   4     2.00     1.00     0.0257    1.00
   5     3.00     2.00     0.3936    1.00


 .000010     7.317928     0.5000    0.3584



 0.5 1.5

   1    -3.00     1.00     0.9991    1.00
   2    -2.00     1.00     0.9967    1.00
   3     0.0     -2.00    -2.0434    1.00
   4     2.00     1.00     0.4277    1.00
   5     3.00     2.00    -0.0771    1.00


 .000010     6.356138     1.2891    0.0434
```

Bild E 8

Gehen wir von der Gleichung (5.1.7) aus, so müssen die Nullstellen einer univariablen Funktion bestimmt werden. Wir gehen wieder von einem Startwertintervall aus, von dem wir jetzt voraussetzen, daß die Funktion dort monoton wächst oder fällt und in den Randpunkten verschiedenes Vorzeichen besitzt. Dann läßt sich das in Bild B4 illustrierte Bisektionsverfahren anwenden, bei dem immer dasjenige Halbintervall vergessen wird, das den Vorzeichenunterschied nicht aufrechterhält. Einige Iterationen sind in Bild B4 dargestellt.

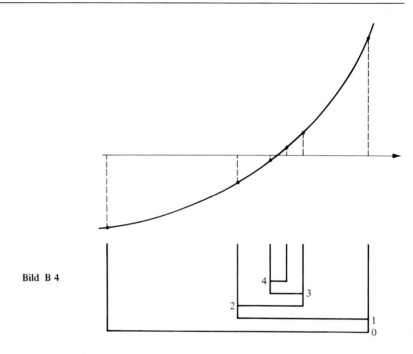

Bild B 4

In der Subroutine BISECT aus Bild U14 wird dieses Halbierungsverfahren solange durchgeführt, bis das für die Halbierung infragekommende Intervall eine Länge kleiner als EPS hat.

Bild U 14

```
          SUBROUTINE BISECT (U,V,F,A,FA,EPS)
C
C         EXTERNAL F
C         IM RUFENDEN PROGRAMM
C
          FU=F(U)
          FV=F(V)
          IF(FU*FV.LT.0.) GOTO 1
          A=U
          FA=FU
          IF(ABS(FU).LT.ABS(FV)) RETURN
          A=V
          FA=FV
          RETURN
        1 W=.5*(U+V)
          FW=F(W)
          IF(FU*FW.GT.0) GOTO 2
          A=U
          V=W
          FV=FW
          GOTO 3
```

```
      2 A=V
        U=W
        FU=FW
      3 IF(ABS(A-W).GE.EPS) GOTO 1
        A=W
        FA=FW
        RETURN
        END
```

Bild U 14

Die Funktion FE2 aus Bild U15 beschreibt (5.1.7) für den Fall (5.1.8).
Das Hauptprogramm in Bild H9 ist wie H8 aufgebaut. Es werden dieselben
Bezeichnungen benutzt. FE2 wird dort von BISECT aufgerufen.

```
        FUNCTION FE2(A)
C
C       AUSGLEICH MIT Y = B*EXP(A*X)
C       DS/DA = 0 UND B=B(A)
C
        DIMENSION X(50),Y(50),P(50),T(50)
        COMMON X,Y,P,B,N
        C=0.
        D=0.
        DO 1 K=1,N
            EA=EXP(A*X(K))
            T(K)=EA
            EB=EA*P(K)
            C=C+EB*Y(K)
            D=D+EB*EA
      1 CONTINUE
        B=C/D
        C=0.
        D=0.
        DO 2 K=1,N
            EA=T(K)
            EB=P(K)*X(K)*EA
            C=C+EB*Y(K)
            D=D+EB*EA
      2 CONTINUE
        FE2=C-B*D
        RETURN
        END
```

Bild U 15

```
C
C         PROGRAMM ZUR ANPASSUNG MIT Y = B*EXP(A*X)
C
C         VERSION 2 : BESTIMMUNG VON NULLSTELLEN VON
C                     DS/DA = 0 MIT BISECT
C
          EXTERNAL FE2
          COMMON X,Y,P,B,N
          DIMENSION X(50),Y(50),P(50)
          KI=5
          KO=6
        1 READ(KI,2) N,S1,S2,IP,EPS
        2 FORMAT(I5,2F5.0,I5,F10.0)
          IF(N.LE.0.OR.N.GT.50) STOP
          IF(EPS.LE.0.) EPS=1.E-5
          WRITE(KO,8)
          WRITE(KO,14) S1,S2
          WRITE(KO,11)
          READ(KI,13) (X(K),K=1,N)
          READ(KI,13) (Y(K),K=1,N)
          IF(IP.GE.0) GOTO 3
          READ(KI,13) (P(K),K=1,N)
          GOTO 7
        3 IF(IP.EQ.1) GOTO 5
          DO 4 K=1,N
             P(K)=1.
        4 CONTINUE
          GOTO 7
        5 DO 6 K=1,N
             P(K)=1./Y(K)
        6 CONTINUE
        7 CALL BISECT (S1,S2,FE2,A,FA,EPS)
        8 FORMAT('1')
          DO 9 K=1,N
             U=X(K)
             V=Y(K)
             R=V-B*EXP(A*U)
             WRITE(KO,10) K,U,V,R,P(K)
        9 CONTINUE
       10 FORMAT(1X,I3,2F8.2,F10.4,F8.2)
          WRITE(KO,11)
       11 FORMAT('0')
          WRITE(KO,12) EPS,FA,A,B
       12 FORMAT(F8.6,F12.6,2F9.4)
       13 FORMAT(16F5.0)
       14 FORMAT(1X,2F4.1)
          GOTO 1
          END
```

Bild H 9

Die Beispiele in Bild E9 sind die gleichen wie in E8. Für das Startwertintervall $[-.5, .5]$ wird im Gegensatz zu E8 eine Nullstelle gefunden, die einem Maximum entspricht. Damit wird am Beispiel unser früher für die direkte Minimierung von (5.1.6) gebrauchtes Argument deutlich.

```
-1.5-0.5


    1    -3.00      1.00    -0.1335     1.00
    2    -2.00      1.00     0.6068     1.00
    3     0.0      -2.00    -2.0473     1.00
    4     2.00      1.00     0.9943     1.00
    5     3.00      2.00     1.9980     1.00



.000010      0.000107    -1.0588    0.0473




-0.5 0.5


    1    -3.00      1.00     0.1449     1.00
    2    -2.00      1.00     0.3971     1.00
    3     0.0      -2.00    -2.2997     1.00
    4     2.00      1.00     0.8510     1.00
    5     3.00      2.00     1.8950     1.00



.000010      0.000030    -0.3495    0.2997




 0.5 1.5


    1    -3.00      1.00     0.9991     1.00
    2    -2.00      1.00     0.9967     1.00
    3     0.0      -2.00    -2.0435     1.00
    4     2.00      1.00     0.4275     1.00
    5     3.00      2.00    -0.0771     1.00



.000010      0.000244     1.2886    0.0435
```

Bild E 9

5.2 Nichtlineare Gleichungssysteme und nichtlineare Regression bei mehreren nichtlinearen Parametern

Setzen wir in (5.1.2)

(5.2.1) $\quad g(a) = g(a, X) = f(a, X) - y$,

so haben wir

(5.2.2) $\quad S(a) = \|g(a)\|_2^2 = \sum_{i=1}^{m} g_i^2(a_1, \ldots, a_n)$

zu minimieren. Sind Gewichte für den Ausgleich vorgegeben, so kann man diese auch hier wie in Kapitel 1 beschrieben integrieren.

Linearisieren wir $g(a)$ in erster Näherung in einem Punkt $a^{(0)}$, so haben wir statt (5.2.2)

(5.2.3) $\quad \|g(a^{(0)}) + G_0(a^{(1)} - a^{(0)})\|_2^2$,

wobei G_0 die Funktionalmatrix

(5.2.4) $\quad G = \dfrac{\partial g}{\partial a} = \left(\dfrac{\partial g_i}{\partial a_k}\right)_{(i=1,\ldots,m;\, k=1,\ldots,n)}$

an der Stelle $a^{(0)}$ ist. Dies bedeutet, daß der Vektor

$$\Delta a^{(0)} = a^{(1)} - a^{(0)}$$

Lösung eines diskreten linearen L_2-Problems ist, also

$$\Delta a^{(0)} = (G_0^T G_0)^{-1} G_0^T g(a^{(0)})$$

gilt. Der Zuwachs $\Delta a^{(0)}$ in (5.2.3) wird so bestimmt, daß (5.2.3) minimiert, also lokal das Minimum einer quadratischen und somit konvexen Funktion bestimmt wird.

Dann liegt folgendes Iterationsverfahren nahe, bei dem schrittweise so vorgegangen wird:

(5.2.5) $\quad a^{(t+1)} = a^{(t)} - \Delta a^{(t)}$

mit $\Delta a^{(t)} = (G_t^T G_t)^{-1} G_t^T g(a^{(t)})$

und $G_t = G(a^{(t)})$.

Dabei muß ein Startwert $a^{(0)}$ vorgegeben werden, von dessen Wahl es abhängt, ob Konvergenz gegen ein wenigstens lokales Minimum erzielt wird oder nicht.

In vielen Fällen wird die Konvergenz verbessert bzw. überhaupt erst erreicht, wenn in das Verfahren ein Dämpfungsfaktor [13] λ mit $0 < \lambda \leq 1$ gemäß

(5.2.6) $\quad a^{(t+1)} = a^{(t)} - \lambda \Delta a^{(t)}$

eingeführt wird, der bei jeder Iteration mit $\lambda = 1$ beginnend durch Halbierung so bestimmt wird, daß

(5.2.7) $\quad S(a^{(t)} - \lambda \Delta a^{(t)}) < (1 - \beta \lambda) S(a^{(t)})$

$$(0 < \beta < 1)$$

gilt, wobei β in den genannten Grenzen vorgegeben wird, etwa $\beta = \frac{1}{4}$.
Das in dieser Form beschriebene Verfahren gewährleistet für beliebige Startwerte $a^{(0)}$, weil die erste Näherung in (5.2.3) eventuell nicht gut genug ist, d.h. g in $a^{(t)}$ nicht lokal näherungsweise konvex ist, die Konvergenz gegen ein Minimum nicht. Jedoch wird erfahrungsgemäß diese in vielen Fällen erreicht, wo dies für ein konstantes $\lambda = 1$ nicht möglich ist.

Ist $m = n$, d.h. die Anzahl der Gleichungen gleich der Anzahl der Unbekannten, so wird, da G quadratisch ist und wenn wir die Invertierbarkeit voraussetzen,

(5.2.8) $\quad \Delta a^{(t)} = G_t^{-1} g(a^{(t)})$,

und wir haben mit (5.2.6) und (5.2.7) eine gedämpfte Variante des NEWTONschen Verfahrens [21] für ein nichtlineares Gleichungssystem

(5.2.9) $\quad g(a) = 0$,

und (5.2.8) entspricht nicht nur der Minimierung, sondern gleichzeitig der Annulierung von (5.2.3).

Es gibt viele Verfahren und Algorithmen zur Lösung von nichtlinearen Gleichungssystemen [17, 18, 26, 61] und zur Minimierung von Quadratsummen [29, 41, 52, 55, 61, 62, 63, 64, 65], die bei geeigneten Startwerten Konvergenz gegen eine Nullstelle oder ein lokales Minimum erreichen.

Das soeben geschilderte Verfahren hat die Vorteile, daß für in a lineare Funktionen $g(a)$ das Verfahren in einem Schritt konvergiert [13], daß die Konvergenzgeschwindigkeit nicht von der Skalierung der Komponenten von a abhängt [13] und daß der Algorithmus relativ einfach zu implementieren ist. Da es weiter erfahrungsgemäß stets eine Problemstellung gibt, für die ein vorgegebener Algorithmus versagt und man umgekehrt zu einem Algorithmus ein Problem formulieren kann, für das er schlecht oder gar nicht konvergiert, gibt es keinen optimalen Algorithmus an sich. Wir halten das beschriebene Verfahren für das am allgemeinsten verwendbare, es sei denn man hat spezielle Funktionen g [14, 15]. Unter Umständen muß man eben mit mehreren Startwerten $a^{(0)}$ rechnen.

Bei der Anwendung des Algorithmus wird man in vielen Fällen die Funktionalmatrix G in (5.2.5) oder (5.2.8) bei jeder Iteration durch explizites Differenzieren nur schwer ermitteln können. Die Konvergenz des Verfahrens wird im allgemeinen nicht beeinflußt, wenn G durch Differenzenquotienten mittels

$$(5.2.10) \quad \frac{\partial g_i}{\partial a_k} = \frac{g_i(a_1, \ldots, a_k + h_k, \ldots, a_n) - g_i(a_1, \ldots, a_k - h_k, \ldots, a_n)}{2 h_k},$$

wobei die h_k geeignet gewählte, hinreichend kleine, der Größenordnung der gesuchten a_k angepaßte Größen sind [61].

Im Programm TAYLOR aus Bild U16 werden sie gemäß

$$(5.2.11) \quad h_k = \begin{cases} 0.001, & \text{falls } |a_k^{(t)}| < .01 \\ 0.01 * |a_k^{(t)}|, & \text{falls } |a_k^{(t)}| \geq .01 \end{cases} \quad (k = 1, \ldots, n)$$

bestimmt.

Bild U 16

```
      SUBROUTINE TAYLOR (N,M,X,F,ITMAX,EPS1,EPS2,ABL,S,KENN)
C
C     MINIMIERUNG EINER M-GLIEDRIGEN QUADRATSUMME
C     VON FUNKTIONEN IN N (N<M) VERAENDERLICHEN
C     (ANWENDUNG: NICHTLINEARE REGRESSION) BZW.
C     FUER M=N LOESUNG EINES NICHTLINEAREN
C     GLEICHUNGSSYSTEMS.
C
C     N     ANZAHL DER VARIABLEN X(I).
C     M     ANZAHL DER FUNKTIONEN F(K).
C     X     MUSS BEIM AUFRUF EINEN NAEHERUNGSWERT FUER
C           DIE GESUCHTE LOESUNG ENTHALTEN. BEIM
C           VERLASSEN VON TAYLOR ENTHAELT X FUER KENN=0
C           EINEN STATIONAEREN PUNKT DER QUADRATSUMME S.
C     F     ENTHAELT BEIM VERLASSEN VON TAYLOR DEN WERT
C           DER FUNKTION IN DEM GEFUNDENEN X.
C     ITMAX MAXIMALZAHL DER AUSZUFUEHRENDEN ITERATIONEN.
C           BEIM RUECKSPRUNG ENTHAELT ITMAX DIE TATSAECH-
C           LICH AUSGEFUEHRTE ANZAHL VON ITERATIONEN.
C     EPS1  DIE ITERATIONEN WERDEN ABGEBROCHEN,FALLS DIE
C           QUADRATSUMME KLEINER ALS EPS1 WIRD
C     EPS2  DIE ITERATIONEN WERDEN ABGEBROCHEN, FALLS
C           FUER DIE KORREKTUREN DX GILT:
C           ABS(DX(I)).LT.EPS2*ABS(X(I)) FUER I=1,...,N.
C     ABL   FUER ABL=.TRUE. MUSS EINE SUBROUTINE
C           DER (X,DFDX) GESTELLT WERDEN, DIE DIE
C           FUNKTIONALMATRIX BERECHNET.
C           FUER ABL=.FALSE. MUSS ZWAR FORMAL EINE
C           SOLCHE ROUTINE ANGEGEBEN WERDEN; DIE
C           FUNKTIONALMATRIX WIRD JEDOCH DURCH BILDUNG
C           ZENTRALER DIFFERENZEN APPROXIMIERT.
C     S     WERT DER QUADRATSUMME FUER DAS GEFUNDENE X.
C     KENN  =0 : EPS1- ODER EPS2-ABFRAGE ERFUELLT.
C           =1 : MAXIMALANZAHL VON ITERATIONEN AUSGEFUEHRT.
C           =2 : DAS PRODUKT AUS FUNKTIONALMATRIX MIT
C                IHRER TRANSPONIERTEN (M>N) ODER DIE
C                FUNKTIONALMATRIX SELBST (M=N) IST
C                SINGULAER GEWORDEN
C          =-1 : MAXIMALE ANZAHL VON DAEMPFUNGSSCHRITTEN
C                IST DURCHGEFUEHRT WORDEN.
C
C     AN SUBROUTINEN WERDEN BENUTZT:
C           FUN (X,F) : BERECHNET F FUER GEGEBENES X
```

```
C
C                DER (X,DFDX) : BERECHNET FUNKTIONALMATRIX
C                                DFDX FUER GEGEBENS X ODER
C                                IST EINE DUMMY SUBROUTINE
C             DECOMP (N,A,IP)  : LOESUNG EINES LINEAREN
C             SOLVE (N,A,B,IP) : GLEICHUNGSSYSTEMS
C     DIMENSION X(N)  ,F(M)
      DIMENSION X(10),F(100)
C     DIMENSION DX(N), DFDX(M,N),  FP(M)   ,FM(M),   A(N,N),    IP(N)
      DIMENSION DX(10),DFDX(100,10),FP(100),FM(100),A(10,10),IP(10)
      LOGICAL ABL
      HS=1.E30
      KENN=0
      IT=0
    1 IT=IT+1
      IF(IT.LE.ITMAX) GOTO 2
      KENN=1
      GOTO 22
    2 L=0
      HL=1.
    3 L=L+1
      IF(L.LE.16) GOTO 4
      KENN=-1
      GOTO 22
    4 CALL FUN (X,F)
      HF=0.
      DO 5 I=1,M
          HF=HF+F(I)*F(I)
    5 CONTINUE
      IF(HF.LE.(1.-.25*HL)*HS) GOTO 7
      HL=HL*.5
      DO 6 K=1,N
          X(K)=X(K)+HL*DX(K)
    6 CONTINUE
      GOTO 3
    7 IF(HF.LT.EPS1) GOTO 22
      HS=HF
      IF(.NOT.ABL) GOTO 8
      CALL DER (X,DFDX)
      GOTO 11
    8 DO 10 I=1,N
          XI=X(I)
          XA=ABS(XI)
          HF=1.E-4
          IF(XA.GT.1.E-2) HF=.01*XA
          X(I)=XI+HF
          CALL FUN (X,FP)
          X(I)=XI-HF
          CALL FUN (X,FM)
          X(I)=XI
          HF=.5/HF
          DO 9 K=1,M
              ZF=HF*(FP(K)-FM(K))
              IF(N.EQ.M) A(K,I)=ZF
              DFDX(K,I)=ZF
    9     CONTINUE
   10 CONTINUE
   11 IF(M.NE.N) GOTO 14
      CALL DECOMP (N,A,IP)
      IF(IP(N).NE.0) GOTO 12
      KENN=2
      GOTO 22
```

```
   12 DO 13 I=1,N
         DX(I)=F(I)
   13 CONTINUE
      CALL SOLVE (N,A,DX,IP)
      GOTO 20
   14 DO 18 I=1,N
         HF=0.
                 HF=HF+DFDX(K,I)*F(K)
         DO 15 K=1,M
   15    CONTINUE
         DX(I)=HF
         DO 17 K=I,N
            HF=0.
            DO 16 J=1,M
               HF=HF+DFDX(J,I)*DFDX(J,K)
   16       CONTINUE
            A(I,K)=HF
            IF(I.NE.K) A(K,I)=HF
   17    CONTINUE
   18 CONTINUE
      CALL DECOMP (N,A,IP)
      IF(IP(N).NE.0) GOTO 19
      KENN=2
      GOTO 22
   19 CALL SOLVE (N,A,DX,IP)
   20 K=0
      DO 21 I=1,N
         X(I)=X(I)-DX(I)
         IF(ABS(DX(I)).GE.EPS2*ABS(X(I))) K=K+1
   21 CONTINUE
      IF(K.NE.0) GOTO 1
   22 CALL FUN (X,F)
      S=0.
      ITMAX=IT
      DO 23 I=1,M
         S=S+F(I)*F(I)
   23 CONTINUE
      RETURN
      END
```

Bild U 16

Alle Parameter von TAYLOR sind in den Kommentarkarten beschrieben. Man hat zu beachten, da wir die Notation des ALGOL-Programms in [70] übernommen haben, daß X dem Vektor a und F dem Vektor g entspricht. Zur Lösung der in (5.2.8) und (5.2.5) auftretenden linearen bzw. überbestimmten linearen Gleichungssysteme werden die in Abschnitt 2.1 beschriebenen Routinen DECOMP und SOLVE benutzt. Auch für (5.2.5) geschieht dies aus schon früher angeführten Gründen, obwohl da auch LLSQ aus Abschnitt 2.2 anwendbar ist.

Wir schildern nun drei Anwendungsmöglichkeiten von TAYLOR, geben jeweils zugehörige, jedoch entsprechend spezialisierte Subroutinen FUN und DER an, die g und G berechnen, sowie Hauptprogramme und Ergebnisse für einige Beispiele.

In der ersten Anwendung führen wir einen Ausgleich mit der Funktion

$$y = a_1 + a_2 e^{-a_3 x} + \ldots + a_{n-1} e^{-a_n x} \quad (n \text{ ungerade})$$

bei gegebenen Datenpaaren (x_i, y_i) und eventuell Gewichten p_i ($i = 1, \ldots, m$) durch, minimieren also

$$S(a_1, \ldots, a_n) = \sum_{i=1}^{m} p_i^2 [a_1 + a_2 e^{-a_3 x_i} + \ldots + a_{n-1} e^{-a_n x_i} - y_i]^2.$$

Im Hauptprogramm H10 werden die $p_i = 1/\sqrt{y_i}$ gesetzt, falls IP = 0 ist. Ist IP < 0, so wird $p_i = 1$ gesetzt; ist IP > 0, so werden die Gewichte eingelesen. Andere Namen haben die in TAYLOR beschriebene Bedeutung. Die Subroutine FUN in Bild U17 berechnet die Funktionen

$$g_i = p_i (a_1 + a_2 e^{-a_3 x_i} + \ldots + a_{n-1} e^{-a_n x_i} - y_i)$$

und die Subroutine DER in U18 die Ableitungen $\dfrac{\partial g_i}{\partial a_k}$ explizit.

Bild H 10

```
C
C         VERWENDUNG VON TAYLOR ZUR ANPASSUNG VON
C         F(A,X)=A(1)+A(2)*EXP(-A(3)*X)+...+A(N-1)*EXP(-A(N)*X)
C         AN DATEN (X(I),Y(I),I=1,M) MIT GEWICHTEN P(I)
C         IM SINNE DER KLEINSTEN QUADRATE
C
          COMMON N,M,X(100),Y(100),P(100)
          DIMENSION A(10),F(100)
          LOGICAL ABL
          KI=5
          KO=6
          ABL=.TRUE.
        1 READ(KI,2) N,M,IP,ITMAX,EPS1,EPS2
        2 FORMAT(4I5,2F10.0)
          IF(N.LE.0.OR.N.GT.10.OR.(N/2)*2.EQ.N.OR.
         *    M.LE.0.OR.M.GT.100) STOP
          IF(ITMAX.LE.0) ITMAX=100
          IF(EPS1.LE.0.) EPS1=1.E-3
          IF(EPS2.LE.0.) EPS2=5.E-2
          READ(KI,3) (X(I),I=1,M)
          READ(KI,3) (Y(I),I=1,M)
        3 FORMAT(16F5.0)
          IF(IP.NE.0) GOTO 5
          DO 4 I=1,M
              P(I)=1./SQRT(Y(I))
        4 CONTINUE
          GOTO 8
        5 IF(IP.GT.0) GOTO 7
          DO 6 I=1,M
              P(I)=1.
        6 CONTINUE
          GOTO 8
        7 READ(KI,3) (P(I),I=1,M)
        8 READ(KI,3) (A(K),K=1,N)
          WRITE(KO,9) (A(K),K=1,N)
        9 FORMAT('1',' STARTWERTE=',10F7.2)
```

```
C
      CALL TAYLOR (N,M,A,F,ITMAX,EPS1,EPS2,ABL,S,KENN)
C
      WRITE(KO,10) KENN,ITMAX,S
   10 FORMAT('0','  KENN=',I2,'   ITMAX=',I3,'   S=',F11.5)
      WRITE(KO,11) (A(K),K=1,N)
   11 FORMAT('0','  ERGEBNIS =',10F7.2)
      WRITE(KO,12)
   12 FORMAT('0')
      DO 13 I=1,M
           WRITE(KO,14)I,X(I),Y(I),P(I),F(I)
   13 CONTINUE
   14 FORMAT(I3,F6.2,F8.3,F7.4,F10.5)
      GOTO 1
      END
```

Bild H 10

```
      SUBROUTINE FUN (A,F)
      COMMON N,M,X(100),Y(100),P(100)
      DIMENSION A(10),F(100)
      DO 2 I=1,M
           H=A(1)
           DO 1 J=2,N,2
                H=H+A(J)*EXP(-A(J+1)*X(I))
    1      CONTINUE
           F(I)=P(I)*(H-Y(I))
    2 CONTINUE
      RETURN
      END
```

Bild U 17

```
      SUBROUTINE DER (A,DFDA)
      COMMON N,M,X(100),Y(100),P(100)
      DIMENSION A(10),DFDA(100,10)
      DO 2 I=1,M
           DFDA(I,1)=P(I)
           DO 1 J=2,N,2
                H=P(I)*EXP(-A(J+1)*X(I))
                DFDA(I,J)=H
                DFDA(I,J+1)= - X(I)*A(J)*H
    1      CONTINUE
    2 CONTINUE
      RETURN
      END
```

Bild U 18

5.2 Nichtlineare Gleichungssysteme und nichtlineare Regression bei mehreren ...

In den Bildern E10.1 und E10.3 sowie in E10.2 und E10.4 wird mit gleichen Startwerten für einen Fall mit $m = 14$ und $n = 5$ gerechnet, wobei in E10.1 und E10.2 IP $= -1$ und E10.3 und E10.4 IP $= 0$ war. Unabhängig von den Startwerten erhalten wir die gleichen Ergebnisse. An der Größe der Werte der Funktionen g_i in der letzten Spalte erkennt man, daß die Gewichte $p_i = 1/\sqrt{y_i}$ eine bessere Approximation ergeben.

```
STARTWERTE=    1.00   15.00    4.00    9.00    2.00

KENN= 0   ITMAX= 5  S=      0.00737

ERGEBNIS =        0.11   23.53    4.79    7.28    2.36


 1   0.05   25.100 1.0000   -0.00998
 2   0.10   20.400 1.0000    0.02316
 3   0.20   13.700 1.0000   -0.03474
 4   0.25   11.200 1.0000    0.03705
 5   0.30    9.300 1.0000   -0.02507
 6   0.40    6.400 1.0000   -0.00615
 7   0.45    5.300 1.0000    0.04157
 8   0.50    4.500 1.0000   -0.01851
 9   0.55    3.800 1.0000   -0.02377
10   0.65    2.700 1.0000    0.01685
11   0.80    1.700 1.0000    0.01415
12   0.90    1.300 1.0000   -0.01085
13   1.00    1.000 1.0000   -0.01345
14   1.20    0.600 1.0000    0.00814
```

Bild E 10.1

```
STARTWERTE=    5.00   12.00    2.00    8.00    4.00

KENN= 0   ITMAX= 9  S=      0.00737

ERGEBNIS =        0.11    7.29    2.36   23.52    4.79


 1   0.05   25.100 1.0000   -0.01001
 2   0.10   20.400 1.0000    0.02303
 3   0.20   13.700 1.0000   -0.03493
 4   0.25   11.200 1.0000    0.03684
 5   0.30    9.300 1.0000   -0.02528
 6   0.40    6.400 1.0000   -0.00637
 7   0.45    5.300 1.0000    0.04134
 8   0.50    4.500 1.0000   -0.01875
 9   0.55    3.800 1.0000   -0.02401
10   0.65    2.700 1.0000    0.01661
11   0.80    1.700 1.0000    0.01392
12   0.90    1.300 1.0000   -0.01105
13   1.00    1.000 1.0000   -0.01361
14   1.20    0.600 1.0000    0.00807
```

Bild E 10.2

```
STARTWERTE =    5.00    12.00    2.00    8.00    4.00

KENN= 0   ITMAX=  6   S=    0.00134

ERGEBNIS =   -0.05    4.25    1.72    26.67    4.56


 1   0.05   25.100  0.1996  -0.00428
 2   0.10   20.400  0.2214   0.00649
 3   0.20   13.700  0.2702  -0.00670
 4   0.25   11.200  0.2988   0.01285
 5   0.30    9.300  0.3279  -0.00770
 6   0.40    6.400  0.3953  -0.00417
 7   0.45    5.300  0.4344   0.01569
 8   0.50    4.500  0.4714  -0.01124
 9   0.55    3.800  0.5130  -0.01441
10   0.65    2.700  0.6086   0.00977
11   0.80    1.700  0.7670   0.01411
12   0.90    1.300  0.8771  -0.00477
13   1.00    1.000  1.0000  -0.00934
14   1.20    0.600  1.2910   0.00317
```

Bild E 10.3

```
STARTWERTE =    1.00    15.00    4.00    9.00    2.00

KENN= 0   ITMAX=  6   S=    0.00134

ERGEBNIS =   -0.05   26.66    4.56    4.25    1.72


 1   0.05   25.100  0.1996  -0.00428
 2   0.10   20.400  0.2214   0.00649
 3   0.20   13.700  0.2702  -0.00671
 4   0.25   11.200  0.2988   0.01285
 5   0.30    9.300  0.3279  -0.00769
 6   0.40    6.400  0.3953  -0.00415
 7   0.45    5.300  0.4344   0.01571
 8   0.50    4.500  0.4714  -0.01122
 9   0.55    3.800  0.5130  -0.01439
10   0.65    2.700  0.6086   0.00979
11   0.80    1.700  0.7670   0.01412
12   0.90    1.300  0.8771  -0.00476
13   1.00    1.000  1.0000  -0.00933
14   1.20    0.600  1.2910   0.00319
```

Bild E 10.4

Im zweiten Beispiel passen wir mit dem multivariablen Modell

$$y = a_{n+1} \prod_{j=1}^{n} x_j^{a_j}$$

an. In der Notation von (5.1.3) ist n durch $n+1$ ersetzt und $l = n$. Das Hauptprogramm H11 ruft TAYLOR geeignet auf; die beiden Subroutinen FUN und DER aus den Bildern U19 und U20 werden benutzt.

5.2 Nichtlineare Gleichungssysteme und nichtlineare Regression bei mehreren ...

```
C
C
C           VERWENDUNG VON TAYLOR ZUR ANPASSUNG VON
C           F(A,X)=A(N+1)*X(1)**A(1)*X(2)**A(2)*...*X(N)**A(N)
C           AN DATEN ((X(I,K),K=1,N),Y(I),I=1,M) IM SINNE
C           DER KLEINSTEN QUADRATE
C
            COMMON X(100,10),AX(100,10),Y(100),N,M,N1
            DIMENSION A(10),F(100)
            LOGICAL ABL
            ABL=.TRUE.
            EPS1=1.E-4
            EPS2=1.E-3
            KI=5
            KO=6
          1 READ(KI,2) N,M,IANZST
          2 FORMAT(3I5)
            IF(N.LE.0.OR.N.GT.9.OR.
           *    M.LE.0.OR.M.GT.100.OR.IANZST.LT.1) STOP
            N1=N+1
            WRITE(KO,3)
          3 FORMAT('1',5X,'GEGEBENE DATEN:')
            WRITE(KO,4)
          4 FORMAT('0')
            DO 5 I=1,M
                READ(KI,6) (X(I,K),K=1,N),Y(I)
                WRITE(KO,7)(X(I,K),K=1,N),Y(I)
                DO 5 K=1,N
                    AX(I,K)=ALOG(X(I,K))
          5 CONTINUE
          6 FORMAT(16F5.0)
          7 FORMAT(6X,11F11.4)
            WRITE(KO,8)
          8 FORMAT('1')
            IT=1
          9 WRITE(KO,4)
            READ(KI,6) (A(J),J=1,N1)
            WRITE(KO,10) IT,(A(J),J=1,N1)
         10 FORMAT('0',5X,'STARTWERTE',I3,' :',5F9.3/(21X,5F9.3))
            ITMAX=100
C
            CALL TAYLOR (N1,M,A,F,ITMAX,EPS1,EPS2,ABL,S,KENN)
C
            WRITE(KO,11) KENN,ITMAX,S
         11 FORMAT('0',5X,'KENN=',I2,'   ITMAX=',I3,'   S=',F11.2)
            WRITE(KO,12) (A(J),J=1,N1)
         12 FORMAT('0',5X,'ERGEBNISSE :   ',5F9.3/(21X,5F9.3))
            WRITE(KO,13) (F(I),I=1,M)
         13 FORMAT('0',5X,'RESIDUEN :     ',5F9.3/(21X,5F9.3))
            IT=IT+1
            IF(IT.LE.IANZST) GOTO 9
            GOTO 1
            END
```

Bild H 11

102   5. Nichtlineare Gleichungssysteme und diskrete nichtlineare L_2-Approximation

```
      SUBROUTINE FUN (A,F)
      COMMON X(100,10),AX(100,10),Y(100),N,M,N1
      DIMENSION A(10),F(100)
      DOUBLE PRECISION PROD
      DO 2 I=1,M
          PROD=A(N1)
          DO 1 J=1,N
              PROD=PROD*X(I,J)**A(J)
    1     CONTINUE
          F(I)=PROD-Y(I)
    2 CONTINUE
      RETURN
      END
```

Bild U 19

```
      SUBROUTINE DER (A,DFDA)
      COMMON X(100,10),AX(100,10),Y(100),N,M,N1
      DIMENSION A(10),DFDA(100,10)
      DOUBLE PRECISION PROD
      DO 3 I=1,M
          PROD=A(N1)
          DO 1 J=1,N
              PROD=PROD*X(I,J)**A(J)
    1     CONTINUE
          DO 2 J=1,N
              DFDA(I,J)=AX(I,J)*PROD
    2     CONTINUE
          DFDA(I,N1)=PROD/A(N1)
    3 CONTINUE
      RETURN
      END
```

Bild U 20

In Bild E11.1 und Bild E11.2 sind Beispiele mit $n = 2$ und $m = 17$ bzw. $m = 13$ angegeben. Es wird jeweils von vier verschiedenen Startwertsätzen ausgegangen, die jedoch stets zum gleichen Minimum führen, obwohl sie sehr unterschiedlich sind. In den beiden letzten Beispielen von E11.2 tritt KENN = −1 auf, aber die Ergebnisse sind richtig. Dieser Effekt ist durch Rundungsfehler bedingt. Erhält man KENN $\neq$ 0, und dies gilt insbesondere für KENN = −1, so sollte man jedenfalls andere Startwertvektoren vorgeben.

Bild E 11.1

```
GEGEBENE DATEN:

       10.0000      20.0000       8.0000
       10.0000      10.0000       1.0000
        9.0000       4.0000       0.1000
        9.0000      16.0000       7.0000
        8.0000       4.0000       0.2000
        8.0000      15.0000      10.3000
        7.0000      11.0000       8.0000
        7.0000       5.0000       0.7000
```

```
         6.0000         2.0000        0.1000
         6.0000        18.0000       75.0000
         5.0000         9.0000       23.3000
         5.0000        17.0000      157.0000
         4.0000         1.0000        0.1000
         4.0000        13.0000      215.0000
         3.0000        19.0000     2823.0000
         2.0000         2.0000       25.0000
         2.0000        12.0000     5400.0000


STARTWERTE   1 :    -5.000      3.000    100.000

KENN= 0   ITMAX=  2   S=         0.22

ERGEBNISSE :        -4.999      2.999    100.107

RESIDUEN :           0.012      0.002      0.009     -0.053     -0.004
                     0.014     -0.069      0.045      0.003      0.072
                     0.058      0.341     -0.002     -0.290     -0.013
                     0.034      0.003


STARTWERTE   2 :    -4.000      4.000     90.000

KENN= 0   ITMAX=  9   S=         0.22

ERGEBNISSE :        -4.999      2.999    100.107

RESIDUEN :           0.012      0.002      0.009     -0.053     -0.004
                     0.014     -0.069      0.045      0.003      0.072
                     0.058      0.341     -0.002     -0.290     -0.007
                     0.034      0.008


STARTWERTE   3 :     1.000      1.000    100.000

KENN= 0   ITMAX= 18   S=         0.22

ERGEBNISSE :        -4.999      2.999    100.108

RESIDUEN :           0.012      0.002      0.009     -0.053     -0.004
                     0.014     -0.069      0.045      0.003      0.072
                     0.058      0.341     -0.002     -0.291     -0.019
                     0.034     -0.010


STARTWERTE   4 :    -6.000      5.000    110.000

KENN= 0   ITMAX= 16   S=         0.22

ERGEBNISSE :        -4.999      2.999    100.107

RESIDUEN :           0.012      0.002      0.009     -0.053     -0.004
                     0.014     -0.069      0.045      0.003      0.072
                     0.058      0.341     -0.002     -0.290     -0.015
                     0.034     -0.001
```

Bild E 11.1

Bild E 11.2

```
GEGEBENE DATEN:

     6.0000      10.0000       5.7000
     9.0000      15.0000       5.0000
     7.5000       9.0000       6.1000
     0.5000       1.0000       8.1000
     1.0000       7.0000       3.8000
     3.0000       2.0000       9.8000
     7.0000       3.0000      10.4000
     3.5000      20.0000       3.3000
     4.0000       8.0000       5.4000
     8.0000      17.0000       4.5000
     8.5000      11.0000       5.7000
    10.0000       5.0000       8.9000
     5.0000      16.0000       4.1000


STARTWERTE  1 :     0.200    -0.600     8.000

KENN= 0   ITMAX= 4   S=      0.08

ERGEBNISSE :        0.298    -0.494     9.973

RESIDUEN :         -0.247     0.036     0.039     0.012     0.013
                    0.024    -0.051    -0.003    -0.004     0.071
                    0.071     0.043    -0.005


STARTWERTE  2 :     0.400    -0.700    12.000

KENN= 0   ITMAX= 3   S=      0.08

ERGEBNISSE :        0.298    -0.494     9.973

RESIDUEN :         -0.247     0.036     0.039     0.012     0.013
                    0.024    -0.051    -0.003    -0.004     0.071
                    0.071     0.043    -0.005


STARTWERTE  3 :    -0.500     0.500    20.000

KENN=-1   ITMAX= 7   S=      0.08

ERGEBNISSE :        0.297    -0.492     9.975

RESIDUEN :         -0.238     0.045     0.047     0.021     0.026
                    0.023    -0.056     0.009     0.006     0.081
                    0.079     0.041     0.005
```

```
STARTWERTE    4 :     1.000      -1.000       1.000

KENN=-1   ITMAX=   6   S=         0.08

ERGEBNISSE :           0.298      -0.495       9.993

RESIDUEN :            -0.243       0.039       0.044      0.028      0.017
                       0.039      -0.037      -0.001      0.000      0.073
                       0.075       0.052      -0.004
```

Bild E 11.2

Im dritten Beispiel H12 schließlich wird ein nichtlineares Gleichungssystem

$$x_1 + \arctan(x_2) + \cos(x_3) - 5 = 0,$$
$$x_2 + 1/(1 + x_1^2) - e^{-x_3} + 10 = 0,$$
$$x_3 + \cos(x_1 + \sin(x_3)) - 15 = 0.$$

gelöst. Die entsprechende Subroutine FUN ist in Bild U21 zu finden. Die Funktionalmatrix G wird hier durch Differenzenquotienten gemäß (5.2.10) und (5.2.11) approximiert, weshalb ein DUMMY-Subroutine DER wie in Bild U22 erforderlich ist. Trotzdem wird für die vier sehr unterschiedlichen Startwerte in Bild E12 die Lösung

$$x = (7.247, -10.019, 15.024)$$

gefunden und die Werte für die Funktionen g_i ($i = 1, 2, 3$) sind numerisch gleich Null in jedem Fall.

Bild H 12

```
C
C       VERWENDUNG VON TAYLOR ZUR LOESUNG EINES
C       NICHTLINEAREN GLEICHUNGSSYSTEMS
C
        DIMENSION X(10),F(100)
        LOGICAL ABL
        KI=5
        KO=6
        N=3
        WRITE(KO,3)
        ABL=.FALSE.
        EPS1=1.E-10
        EPS2=1.E-4
      1 READ(KI,2) (X(I),I=1,N),IW
      2 FORMAT(16F5.0)
        ITMAX=100
        IF(IW.NE.0) STOP
      3 FORMAT('1')
        WRITE(KO,4) (X(I),I=1,N)
      4 FORMAT(1X,'STARTWERT=',3F10.5)
```

```
C
      CALL TAYLOR (N,N,X,F,ITMAX,EPS1,EPS2,ABL,S,KENN)
C
      WRITE(KO,5) KENN,ITMAX,S
    5 FORMAT('0',' KENN=',I2,'   ITMAX=',I3,'   S=',F10.6)
      WRITE(KO,6) (X(I),I=1,N)
    6 FORMAT('0',' ERGEBNIS=',3F10.5)
      WRITE(KO,7) (F(I),I=1,N)
    7 FORMAT(1X,'FUNKTIONEN',3F10.5)
      WRITE(KO,8)
    8 FORMAT('0')
      WRITE(KO,8)
      GOTO 1
      END
```

Bild H 12

```
      SUBROUTINE FUN (X,F)
      DIMENSION X(10),F(100)
      F(1)=X(1)+ATAN(X(2))+COS(X(3))-5.
      F(2)=X(2)+1./(1.+X(1)*X(1))-EXP(-X(3))+10.
      F(3)=X(3)+COS(X(1)+SIN(X(3)))-15.
      RETURN
      END
```

Bild U 21

```
      SUBROUTINE DER (A,B)
      RETURN
      END
```

Bild U 22

```
STARTWERT=    0.0         0.0         0.0

KENN= 0   ITMAX= 10   S=  0.000000

ERGEBNIS=     7.24654   -10.01869    15.02424
FUNKTIONEN   -0.00000     0.0         0.0




STARTWERT=    1.00000     1.00000     1.00000

KENN= 0   ITMAX= 10   S=  0.000000

ERGEBNIS=     7.24654   -10.01869    15.02424
FUNKTIONEN    0.0         0.0        -0.00000




STARTWERT=    5.00000    -5.00000     5.00000

KENN= 0   ITMAX=  7   S=  0.000000

ERGEBNIS=     7.24654   -10.01869    15.02424
FUNKTIONEN    0.0         0.00000    -0.00000




STARTWERT=    0.0         5.00000     5.00000

KENN= 0   ITMAX=  9   S=  0.000000

ERGEBNIS=     7.24654   -10.01869    15.02424
FUNKTIONEN    0.00000     0.0        -0.00000
```

Bild E 12

6. *Minimierung von stetigen, nicht notwendigerweise differenzierbaren Funktionalen*

6.1 Ein Suchprozeß

Wir geben hier einen Suchprozeß [45] wieder, der auf eine beliebige stetige, nicht notwendigerweise differenzierbare Funktion

(6.1.1) $\quad S = S(x_1, \ldots, x_n)$

von n reellen Variablen angewandt werden kann, um, ausgehend von einem Startwert, ein Minimum zu finden.

Da dieser sehr aufwendig ist, sollte er nicht auf Probleme der Form (5.1.2) oder gar (2.3.2) angewandt werden, die uns in diesem Buch vorwiegend beschäftigen. Es kann jedoch sinnvoll für nichtlineare L_1-Probleme angewandt werden, worauf wir in Abschnitt 6.2 zurückkommen werden.

Der in [45] geschilderte und gemäß den Kommentaren zu [47] modifizierte Algorithmus verläuft wie folgt:

Schritt 1: Man wähle einen Startvektor $x^{(0)}$, berechne $S_0 = S(x^{(0)})$ und setze $t = 0$.

Schritt 2: Jede Koordinate von $x^{(t)}$ wird der Reihe nach um

(6.1.2) $\quad \pm h * |x_k^{(t)}|$

geändert. Eine Änderung wird beibehalten, falls S kleiner wird. Wird S kleiner, so wird der abgeänderte Vektor $x^{(t+1)}$ genannt und $S_{t+1} = S(x^{(t+1)})$ gesetzt; andernfalls wird nach Schritt 4 gegangen.

Schritt 3: Die Koordinaten von $x^{(t+1)}$ werden alle auf dieselbe Art, d.h. in dieselbe Richtung oder gar nicht, geändert, wie dies in Schritt 2 erfolgreich im Sinne der Verkleinerung von S gewesen ist. Dieser Prozeß wird solange wiederholt, bis auf diese Weise keine Verkleinerung von S mehr erzielbar ist. In diesem Fall wird dann t um Eins erhöht und bei Schritt 2 fortgefahren.

Schritt 4: Alle Schrittweiten (6.1.2) werden mit dem gleichen Faktor $r < 1$ reduziert und es wird wieder bei Schritt 2 begonnen, falls nicht eine vorgegebene kleinste Schrittweite HMIN für ein k unterschritten wird. Weiter wird der Algorithmus abgebrochen, falls in den geschilderten Schritten eine vorgegebene maximale Zahl ITMAX von zugelassenen Funktionsauswertungen um maximal $n + 1$ überschritten wird.

Implementiert ist der eben geschilderte Algorithmus in der Subroutine SEARCH aus Bild U23. S bezeichnet die im rufenden Programm mit EXTERNAL zu deklarierende Funktion (6.1.1); SX den Wert S im gefundenen Minimum oder beim Abbruch gemäß obiger Bedingungen im jeweiligen Argumentvektor X. Der Parameter H bezeichnet die Größe h in (6.1.2); R ist der Schrittweitenreduktionsfaktor r.

Bild U 23

```
      SUBROUTINE SEARCH (N,X,SX,H,R,HMIN,S,ITMAX)
C
C     DIREKTE SUCHMETHODE ZUR MINIMIERUNG
C     EINER FUNKTION S = S(X(1),...,X(N))
C
C     DIMENSION X(N), Y(N), U(N)
      DIMENSION X(20),Y(20),U(20)
      LOGICAL L1,L2
      DO 1 K=1,N
         U(K)=H*ABS(X(K))
         IF(U(K).EQ.0.) U(K)=H
    1 CONTINUE
      SX=S(X)
      IT=1
    2 SS=SX
      DO 3 K=1,N
         Y(K)=X(K)
    3 CONTINUE
      IG=0
    4 DO 6 K=1,N
         UK=U(K)
         YK=Y(K)
         Y(K)=YK+UK
         SY=S(Y)
         IT=IT+1
         IF(SY.LT.SS) GOTO 5
         UK= - UK
         Y(K)=YK+UK
         U(K)=UK
         SY=S(Y)
         IT=IT+1
         IF(SY.LT.SS) GOTO 5
         Y(K)=YK
         GOTO 6
    5    SS=SY
    6 CONTINUE
      IF(IG.NE.0) GOTO 10
      IF(SS.GE.SX) GOTO 12
```

```
  7 DO 9 K=1,N
        L1=Y(K).GT.X(K)
        L2=U(K).LT.0.
        IF(.NOT.((L1.AND.L2).OR.
     *     (.NOT.L1.AND..NOT.L2))) GOTO 8
        U(K)= - U(K)
  8     T=X(K)
        X(K)=Y(K)
        Y(K)=2.*Y(K)-T
  9 CONTINUE
    SX=SS
    IF(IT.GE.ITMAX) GOTO 14
    SY=S(Y)
    SS=SY
    IT=IT+1
    IG=1
    GOTO 4
 10 IF(SS.GE.SX) GOTO 2
    DO 11 K=1,N
        IF(ABS(Y(K)-X(K)).GT..5*ABS(U(K))) GOTO 7
 11 CONTINUE
 12 IF(H.LT.HMIN.OR.IT.GT.ITMAX) GOTO 14
    H=R*H
    DO 13 K=1,N
        U(K)=R*U(K)
 13 CONTINUE
    GOTO 2
 14 ITMAX=IT
    RETURN
    END
```

Bild U 23

Im Hauptprogramm H13 wird, um die Anwendung zu demonstrieren, für die Funktion

$$S(x_1, x_2) = 100\,(x_2 - x_1^2) + (1 - x_1)^2,$$

deren entsprechende Subroutine S in Bild U24 zu finden ist, die Minimierung für verschiedene Startwerte X und Schrittweiten H durchgeführt.

```
      FUNCTION S(X)
C
C     ROSENBROCK'S FUNKTION
C
      DIMENSION X(2)
      A=X(1)
      B=X(2)-A*A
      A=1.-A
      S=100.*B*B+A*A
      RETURN
      END
```

Bild U 24

```
C
C      BEISPIEL FUER MINIMIERUNG MIT SEARCH
C
       EXTERNAL S
       DIMENSION X(2)
       N=2
       R=.5
       HMIN=5.E-6
       KO=6
       DO 4 J=1,5
           Z=.5*(6-FLOAT(J))
           WRITE(KO,5) Z
           DO 3 I=1,9,2
               L=I-4
               DO 2 K=1,9,2
                   M=K-4
                   X(1)=FLOAT(L)
                   X(2)=FLOAT(M)
                   H=Z
                   ITMAX=2000
                   CALL SEARCH (N,X,SX,H,R,HMIN,S,ITMAX)
                   WRITE(KO,1) L,M,ITMAX,X(1),X(2),SX,H
1                  FORMAT('0',2I3,I5,2F9.5,F6.3,E13.6)
2              CONTINUE
3          CONTINUE
4      CONTINUE
5      FORMAT('1','H=',F4.2)
       STOP
       END
```

Bild H 13

In den Bildern E13.1 und E13.2 sind nur die Ergebnisse von H13 für H = 1 und H = 2 wiedergegeben. Die Bedeutung der Zahlen in den einzelnen Spalten ist aus dem WRITE-Befehl in H13 ersichtlich. Für H = 2 wird in E13.2 in einigen Fällen der Wert ITMAX = 2000 überschritten. Sonst wird stets das Minimum $(x_1, x_2) = (1,1)$ bis auf durch Rundungsfehler bedingte Ungenauigkeiten gefunden.

Bild E 13.1

```
H=1.00

 -3  -3   295   1.00001   1.00002   0.000   0.381470E-05

 -3  -1   435   1.00012   1.00024   0.000   0.381470E-05

 -3   1   435   1.00012   1.00024   0.000   0.381470E-05

 -3   3   296   1.00001   1.00002   0.000   0.381470E-05

 -3   5   793   0.99988   0.99976   0.000   0.381470E-05

 -1  -3   655   0.99999   0.99997   0.000   0.381470E-05

 -1  -1    89   1.00000   1.00000   0.0     0.381470E-05
```

-1	1	675	1.00000	1.00000	0.0	0.381470E-05
-1	3	619	1.00006	1.00012	0.000	0.381470E-05
-1	5	820	0.99973	0.99945	0.000	0.381470E-05
1	-3	657	0.99999	0.99997	0.000	0.381470E-05
1	-1	226	1.00000	1.00000	0.0	0.381470E-05
1	1	77	1.00000	1.00000	0.0	0.381470E-05
1	3	584	1.00006	1.00012	0.000	0.381470E-05
1	5	716	1.00005	1.00010	0.000	0.381470E-05
3	-3	295	1.00001	1.00002	0.000	0.381470E-05
3	-1	435	1.00012	1.00024	0.000	0.381470E-05
3	1	435	1.00012	1.00024	0.000	0.381470E-05
3	3	296	1.00001	1.00002	0.000	0.381470E-05
3	5	801	1.00049	1.00098	0.000	0.381470E-05
5	-3	454	0.99979	0.99958	0.000	0.381470E-05
5	-1	347	0.99854	0.99707	0.000	0.381470E-05
5	1	349	0.99854	0.99707	0.000	0.381470E-05
5	3	455	0.99979	0.99958	0.000	0.381470E-05
5	5	278	0.99998	0.99997	0.000	0.381470E-05

Bild E 13.1

Bild E 13.2

H=2.00						
-3	-3	860	1.00000	1.00000	0.000	0.381470E-05
-3	-1	1302	1.00008	1.00015	0.000	0.381470E-05
-3	1	1302	1.00008	1.00015	0.000	0.381470E-05
-3	3	856	1.00000	1.00000	0.000	0.381470E-05
-3	5	814	1.00049	1.00098	0.000	0.381470E-05
-1	-3	780	0.99988	0.99976	0.000	0.381470E-05
-1	-1	88	1.00000	1.00000	0.0	0.381470E-05
-1	1	89	1.00000	1.00000	0.0	0.381470E-05
-1	3	596	1.00006	1.00012	0.000	0.381470E-05

```
-1   5   728  1.00005  1.00010  0.000  0.381470E-05
 1  -3   781  0.99988  0.99976  0.000  0.381470E-05
 1  -1    89  1.00000  1.00000  0.0    0.381470E-05
 1   1    81  1.00000  1.00000  0.0    0.381470E-05
 1   3   589  1.00006  1.00012  0.000  0.381470E-05
 1   5   721  1.00005  1.00010  0.000  0.381470E-05
 3  -3   861  1.00000  1.00000  0.000  0.381470E-05
 3  -1  1303  1.00008  1.00015  0.000  0.381470E-05
 3   1  1303  1.00008  1.00015  0.000  0.381470E-05
 3   3   856  1.00000  1.00000  0.000  0.381470E-05
 3   5   806  1.00049  1.00098  0.000  0.381470E-05
 5  -3  2003  0.99983  0.99966  0.000  0.381470E-05
 5  -1  2003  2.95227  8.71753  3.812  0.122070E-03
 5   1  2001  2.98401  8.90613  3.937  0.122070E-03
 5   3  2003  0.99983  0.99966  0.000  0.381470E-05
 5   5  1756  0.99998  0.99997  0.000  0.381470E-05
```

Bild E 13.2

6.2 Anwendung auf die eindimensionale Skalierung

In diesem Abschnitt weisen wir auf die mögliche Anwendung von SEARCH auf die mehr- insbesondere die eindimensionale Skalierung hin, die in der Praxis eine wichtige Rolle spielt und wobei eine nicht stetig differenzierbare Funktion zu minimieren ist.

Gegeben ist eine symmetrische Matrix D, für deren Elemente

(6.2.1) $$d_{ki} = d_{ik} \geqq 0 \quad (i=1,\ldots,n; k=i+1,\ldots,n),$$
$$d_{ii} = 0 \quad (i=1,\ldots,n)$$

gelte und die einen Abstand oder eine Ähnlichkeit zweier Objekte oder Variabler repräsentieren. In Psychologie, Biologie und Marketing werden solche Matrizen i. a. nicht mithilfe der Euklidischen Metrik aus vorgegebenen Vektoren berechnet, sondern sie ergeben sich mithilfe von Abstandsmaßen, für die die Dreiecksungleichung nicht zu gelten braucht, oder werden empirisch oder subjektiv ermittelt.

Die Aufgabe der mehrdimensionalen Skalierung [48, 49] ist es, nun gerade umgekehrt, eine Menge von n Punkten (Konfiguration) in einem l-dimensionalen arithmetischen Vektorraum so zu bestimmen, daß deren mit dem Euklidischen Abstand berechneten Entfernungsmatrix der gegebenen Matrix möglichst nahe kommt. Dabei ist die Dimension l frei wählbar und ebenfalls geeignet zu bestimmen.

Wir beschäftigen uns hier der Einfachheit halber nur mit der eindimensionalen Skalierung, also mit dem Fall $l = 1$. Dabei lassen wir gegenüber [48, 49] die (wesentliche) Forderung entfallen, daß die Rangordnungen der Elemente der gegebenen Matrix und der aus der gefundenen Konfiguration bestimmten Matrix übereinstimmen.

So suchen wir also n Zahlen $x_1, \ldots, x_n$ derart, daß zum Beispiel

$$(6.2.2) \quad S(x_1, \ldots, x_n) = \sum_{i=1}^{n} \sum_{k=i+1}^{n} (d_{ik} - |x_i - x_k|)^2$$

möglichst klein wird. Die Funktion S ist zwar implizit von der Form (5.1.2), aber die in Abschnitt 5.2 angewandte Methode ist nicht verwendbar, da S nicht stetig differenzierbar ist.

Andere denkbare Zielfunktionen, die jedoch alle dieselbe Eigenschaft haben, sind

$$(6.2.3) \quad S(x_1, \ldots, x_n) = \sum_{i=1}^{n} \sum_{k=i+1}^{n} |d_{ik} - |x_i - x_k||$$

oder

$$(6.2.4) \quad S(x_1, \ldots, x_n) = \sum_{i=1}^{n} \sum_{k=i+1}^{n} \frac{1}{d_{ik}} (d_{ik} - |x_i - x_k|)^2$$

oder

$$(6.2.5) \quad S(x_1, \ldots, x_n) = \sum_{i=1}^{n} \sum_{k=i+1}^{n} \frac{1}{d_{ik}} |d_{ik} - |x_i - x_k||.$$

In (6.2.4) und (6.2.5) ist in den Gewichten $\frac{1}{d_{ik}}$ die gegebene Zahl d_{ik} durch 1 zu ersetzen, falls $d_{ik} = 0$ ist.

Im folgenden verstehen wir unter der Funktion S immer (6.2.4), da sich diese gewichtete Abweichungsquadratsumme bezüglich der Approximation günstiger als die anderen genannten Funktionen erwiesen hat.

An der Definition der Funktionen S erkennt man, daß

$$(6.2.6) \quad S(x_1, \ldots, x_n) = S(x_1 + h, \ldots, x_n + h)$$

für beliebige reelle Zahlen h gilt. Daher muß man noch eine Nebenbedingung fordern, um diese Mehrdeutigkeit auszuschließen. Wir haben

$$(6.2.7) \quad x_n = 0$$

gewählt.

Im Hauptprogramm H14 wird von der gegebenen Matrix die obere Dreiecksmatrix D(I, K) gelesen. Für ISTART $\neq$ 0 werden Startwerte X(I) für $x_1, \ldots, x_{n-1}$ gelesen; für ISTART = 0 wird

$$x_i = d_{i,i+1} \quad (i = 1, \ldots, n-1)$$

initiiert. In die obere Hälfte der Matrix DR werden die reziproken Werte von d_{ik} ($i = 1, \ldots, n-1; k = i+1, \ldots, n$) gespeichert. Nach dem Aufruf der Subroutine SEARCH, die die (6.2.6) und (6.2.7) entsprechende Funktion S aus Bild U25 aufruft, enthält die untere Dreiecksmatrix von DR die Differenzen $d_{ik} - |x_i - x_k|$ für die einem Minimum entsprechenden Werte von $x_1, \ldots, x_{n-1}, x_n = 0$. Im Hauptprogramm H14 werden für ITMAX, H, R und HMIN, die die in Abschnitt 6.1 geschilderte Bedeutung besitzen, Standardwerte gesetzt, falls auf der Eingabekarte keine sinnvollen Werte stehen. Diese Option wurde in den folgenden Beispielen stets benutzt.

```
      FUNCTION S(X)
C
C     ONE-DIMENSIONAL SCALING FUNCTION
C
C     DIMENSION X(N), D(N,N), DR(N,N)
      DIMENSION X(20),D(20,20),DR(20,20)
      COMMON N,N1,D,DR
      S=0.
      X(N)=0.
      DO 2 I=1,N1
         XI=X(I)
         I1=I+1
         DO 1 K=I1,N
            Z=ABS(XI-X(K))
            D(K,I)=Z
            Z=D(I,K)-Z
            DR(K,I)=Z
            S=S+DR(I,K)*Z*Z
    1    CONTINUE
    2 CONTINUE
      RETURN
      END
```

Bild U 25

Bild H 14

```
C
C     ONE-DIMENSIONAL SCALING MIT SEARCH
C
C     DIE OBERE HAELFTE VON D ENTHAELT DIE GEGEBENE
C     ENTFERNUNGSMATRIX, DIE VON DR DIE REZIPROKEN
C     WERTE
C     DIE UNTERE HAELFTE VON D ENTHAELT DIE GEFUNDENE
C     ENTFERNUNGSMATRIX, DIE VON DR DIE DIFFERENZ VON
C     OBERER UND UNTERER MATRIX D.
```

```
C
C          X(N)=0.
C
           EXTERNAL S
           DIMENSION X(20),D(20,20),DR(20,20)
           COMMON N,N1,D,DR
           KI=5
           KO=6
         1 READ(KI,2) N,ISTART,ITMAX,H,R,HMIN
         2 FORMAT(3I5,2F5.0,F10.0)
           IF(N.LE.0.OR.N.GT.20) STOP
           IF(ITMAX.LE.0) ITMAX=9999
           IF(H.LE.0.) H=1.
           IF(R.LE.0.) R=.5
           IF(HMIN.LE.0.) HMIN=1.E-4
           N1=N-1
           K1=N1
           DO 3 I=1,N1
              I1=I+1
              READ(KI,4) (D(I,K),K=I1,N)
              X(I)=D(I,I1)
         3 CONTINUE
         4 FORMAT(16F5.0)
           IF(ISTART.NE.0) READ(KI,4) (X(I),I=1,N1)
           DO 7 I=1,N
              DO 6 K=I,N
                 IF(I.NE.K) GOTO 5
                 D(I,I)=0.
                 DR(I,I)=0.
                 GOTO 6
         5       Z=D(I,K)
                 IF(Z.EQ.0.) Z=1.
                 DR(I,K)=1./Z
         6    CONTINUE
         7 CONTINUE
           WRITE(KO,8) (X(I),I=1,N1)
         8 FORMAT('1','STARTWERT=',20F6.2)
C
           CALL SEARCH(K1,X,SX,H,R,HMIN,S,ITMAX)
C
           WRITE(KO,9) ITMAX,SX,H
         9 FORMAT('0','ITMAX=',I4,' SX=',F9.2,' H=',F8.6)
           WRITE(KO,10) (X(I),I=1,N)
        10 FORMAT('0','ERGEBNIS =',20F6.2)
           WRITE(KO,11)
        11 FORMAT('0')
           DO 12 I=1,N
              WRITE(KO,13) (D(I,K),K=1,N)
        12 CONTINUE
        13 FORMAT(1X,12F10.3)
           WRITE(KO,11)
           DO 14 I=1,N
              WRITE(KO,13) (DR(I,K),K=1,N)
        14 CONTINUE
           GOTO 1
           END
```

Bild H 14

Die Beispiele E14.1 und E14.2 unterscheiden sich durch verschieden vorgegebene Startwerte. Im ersten Fall wird diejenige Lösung gefunden, aus der die vorgegebene Matrix konstruiert worden ist; im zweiten Fall haben wir ein lokales Minimum gefunden, und die Werte $x_1, \ldots, x_6$ haben eine völlig andere Rangordnung.

```
STARTWERT=   0.0    1.00    0.0    1.00    0.0

ITMAX= 230  SX=      0.0   H=0.000061

ERGEBNIS =  10.00   9.00   7.00   6.00   4.00   0.0


    0.0      1.000    3.000    4.000    6.000   10.000
    1.000    0.0      2.000    3.000    5.000    9.000
    3.000    2.000    0.0      1.000    3.000    7.000
    4.000    3.000    1.000    0.0      2.000    6.000
    6.000    5.000    3.000    2.000    0.0      4.000
   10.000    9.000    7.000    6.000    4.000    0.0


    0.0      1.000    0.333    0.250    0.167    0.100
    0.0      0.0      0.500    0.333    0.200    0.111
    0.0      0.0      0.0      1.000    0.333    0.143
    0.0      0.0      0.0      0.0      0.500    0.167
    0.000    0.000    0.000    0.000    0.0      0.250
    0.0      0.0      0.0      0.0     -0.000    0.0
```

Bild E 14.1

```
STARTWERT=   0.0    1.00    4.00    0.0    1.00

ITMAX= 659  SX=     11.20  H=0.000061

ERGEBNIS =  -2.44  -3.73  -4.52  -7.48  -6.57   0.0


    0.0      3.000    1.000    5.000    6.000    2.000
    1.298    0.0      0.0      7.000    8.000    3.000
    2.087    0.789    0.0      2.000    1.000    7.000
    5.042    3.744    2.955    0.0      1.000    7.000
    4.133    2.834    2.045    0.909    0.0      8.000
    2.436    3.735    4.523    7.478    6.569    0.0


    0.0      0.333    1.000    0.200    0.167    0.500
    1.702    0.0      1.000    0.143    0.125    0.333
   -1.087   -0.789    0.0      0.500    1.000    0.143
   -0.042    3.256   -0.955    0.0      1.000    0.143
    1.867    5.166   -1.045    0.091    0.0      0.125
   -0.436   -0.735    2.477   -0.478    1.431    0.0
```

Bild E 14.2

Die Beispiele E14.3 und E14.4 unterscheiden sich ebenfalls durch verschiedene Startwerte (bei E14.3 Standardstartwerte), jedoch erhält man das gleiche Ergebnis.

In der Praxis sind für das beschriebene Skalierungsproblem $l > 1$ und die genannte Rangordnungsbeziehung unerläßlich.

```
STARTWERT=   8.00  38.00  11.00  44.00  54.00  26.00  29.00   3.00  20.00  43.00

ITMAX=1906  SX=     92.91  H=0.000061

ERGEBNIS =  11.96  23.36  57.19  40.48  -5.66  58.30  47.60  15.22  18.09  35.57   0.0

    0.0      8.000   50.000   31.000   12.000   48.000   36.000    2.000    5.000   39.000   10.000
   11.399    0.0     38.000    9.000   33.000   37.000   22.000    6.000    4.000   14.000   32.000
   45.225   33.826    0.0     11.000   55.000    1.000   23.000   46.000   41.000   17.000   52.000
   28.521   17.122   16.704    0.0     44.000   13.000   16.000   19.000   25.000   18.000   42.000
   17.623   29.023   62.848   46.144    0.0     54.000   53.000   30.000   28.000   45.000    7.000
   46.336   34.937    1.111   17.815   63.959   10.694   26.000   47.000   40.000   24.000   51.000
   35.642   24.243    9.583    7.121   53.265    0.0      0.0     0.0     35.000   34.000   49.000
    3.260    8.139   41.965   25.261   20.884   43.076   32.382   29.000    3.000   27.000   15.000
    6.125    5.274   39.100   22.396   23.748   40.211   29.517    2.865    0.0     20.000   21.000
   23.609   12.210   21.616    4.912   41.232   22.727   12.033   20.349   17.484    0.0     43.000
   11.961   23.360   57.186   40.482    5.662   58.297   47.603   15.221   18.086   35.570    0.0

    0.0      0.125    0.020    0.032    0.083    0.021    0.028    0.500    0.200    0.026    0.100
   -3.399    0.0      0.026    0.111    0.030    0.027    0.045    0.167    0.250    0.071    0.031
    4.775    4.174    0.0      0.091    0.018    1.000    0.043    0.022    0.024    0.059    0.019
    2.479   -8.122   -5.704    0.0      0.023    0.077    0.063    0.053    0.040    0.056    0.024
   -5.623    3.977   -7.848   -2.144    0.0      0.019    0.019    0.033    0.036    0.022    0.143
    1.664    2.063   -0.111   -4.815   -9.959    0.0      0.038    0.021    0.025    0.042    0.020
    0.358   -2.243   13.417    8.879   -0.265   15.306    0.0      0.034    0.029    0.029    0.067
   -1.260   -2.139    4.035   -6.261    9.116    3.924   -3.382    0.0      0.333    0.037    0.048
   -1.125   -1.274    1.900    2.604    4.252   -0.211    5.483    0.135    0.0      0.050    0.023
   15.391    1.790   -4.616   13.088    3.768    1.273   21.967    6.651    2.516    0.0      0.0
   -1.961    8.640   -5.186    1.518    1.338   -7.297    1.397   -0.221    2.914    7.430    0.0
```

Bild E 14.3

```
STARTWERT=  31.00 52.00 24.00 47.00 61.00 18.00 19.00 29.00 37.00 15.00
ITMAX=1452  SX=   92.91  H=0.000061
ERGEBNIS =  11.96 23.36 57.19 40.48 -5.66 58.30 47.60 15.22 18.09 35.56  0.0

  0.0      8.000   50.000   31.000   12.000   36.000    2.000    5.000   39.000   10.000
 11.398    0.0     38.000    9.000   33.000   22.000    6.000    4.000   14.000   32.000
 45.229   33.831   16.708   11.000   55.000   23.000   46.000   41.000   17.000   52.000
 28.521   17.123    0.0      0.0      1.000   16.000   19.000   25.000   18.000   42.000
 17.621   29.019   62.850   46.142   13.000   53.000   30.000   28.000   45.000    7.000
 46.342   34.944    1.113   17.821   54.000   26.000   47.000   40.000   24.000   51.000
 35.640   24.243    9.588    7.120    0.0      0.0      0.0     35.000   34.000   49.000
  3.260    8.137   41.968   25.260   10.701   32.380   29.000    3.000   27.000   15.000
 -6.125    5.273   39.104   22.396   43.081   29.515    0.0      0.0     20.000   21.000
 23.599   12.202   21.630    4.922   40.217   12.041   20.339   17.474    0.0     43.000
 11.962   23.359   57.190   40.482   22.742   47.602   15.222   18.087   35.561    0.0
                            41.220   58.303
                             5.659

  0.0      0.125    0.020    0.032    0.021    0.028    0.500    0.200    0.026    0.100
 -3.398    0.0      0.026    0.111    0.027    0.045    0.167    0.250    0.071    0.031
  4.771    4.169    0.0      0.091    1.000    0.043    0.022    0.024    0.059    0.019
  2.479   -8.123   -5.708    0.0      0.077    0.063    0.053    0.040    0.056    0.024
 -5.621    3.981   -7.850   -2.142    0.023    0.033    0.021    0.036    0.022    0.143
  1.658    2.056   -0.113   -4.821    0.019    0.019    0.034    0.025    0.042    0.020
  0.360   -2.243   13.412    8.880    0.0      0.038    0.0      0.029    0.029    0.067
 -1.260   -2.137    4.032   -6.260   15.299    0.0     -3.380    0.333    0.037    0.020
 -1.125   -1.273    1.896    9.119    3.919   -3.380    5.485    0.0      0.050    0.048
 15.401    1.798   -4.630    4.254   -0.217    5.485   21.959    0.0      0.0      0.023
 -1.962    8.641   -5.190    3.780    1.258   21.959    1.398    2.526    7.439    0.0
                            13.078   -7.303
                             1.518
                             1.341
```

Bild E 14.4

Literatur

Die mit (*) gekennzeichneten Veröffentlichungen oder Bücher enthalten ALGOL- oder FORTRAN-Programme. Algorithmen aus den Collected Algorithms of the Association of Computing Machinery (CA CACM) sind nicht mit einer Jahreszahl versehen, da laufend Verbesserungen (R ..) angebracht werden.

[1]   ASCHER, M., FORSYTHE, G.E.: SWAC Experiments on the Use of Orthogonal Polynomials for Data Fitting. J. Ass. Comp. Mach. 5, 9-21 (1958).

[2]   BARRODALE, I., YOUNG, A. (*): Algorithms for Best L_1- and L_∞- Linear Approximation on a Discrete Set. Num. Math. 8, 295-306 (1966).

[3]   BARRODALE, I.: L_1-Approximation and the Analysis of Data. Appl. Stat. 17, 51-57 (1968).

[4]   BARTELS, R.H., GOLUB, G.H.: Stable Numerical Methods for Obtaining the Chebyshev Solution to an Overdetermined System of Equations. Comm. ACM 11, 401-406 (1968).

[5]   BARTELS, R.H., GOLUB, G.H. (*): Chebyshev Solution to an Overdetermined Linear System (A 328). CA CACM 328 - R 1.

[6]   BAUER, F.L. (*): Elimination with Weighted Row Combinations for Solving Linear Equations and Least Squares Problems. Num. Math. 7, 338-352 (1965).

[7]   BERZTISS, A.T.: Least Squares Fitting of Polynomials to Irregularly Spaced Data. SIAM Rev. 6, 203-227 (1964).

[8]   BERZTISS, A.T. (*): Data Structures - Theory and Practise. Academic Press, New York (1971).

[9]   BJOERCK, A.: Iterative Refinement of Linear Least Squares Solutions. BIT 7, 257-278 (1967).

[10] BJOERCK, A., GOLUB, G. (*): Iterative Refinement of Linear Least Squares Solutions by Householder Transformations. BIT 7, 322-337 (1967).

[11] BJOERCK, A., DAHLQUIST, G.: Numerische Methoden. R. Oldenbourg Verlag, München (1972).

[12] BOOTHROYD, J. (*): Algorithm 7: MINX. Computer Bulletin 9, 104 (1965).

[13] BRAESS, D.: Über Dämpfung bei Minimalisierungsverfahren. Computing 1, 264-272 (1966).

[14] BRAESS, D.: Approximation mit Exponentialsummen. Computing 2, 309-321 (1967).

[15] BRAESS, D.: Eine Möglichkeit zur Konvergenzbeschleunigung bei Iterationsverfahren für bestimmte nichtlineare Probleme. Num. Math. 14, 468-475 (1970).

[16] BROWN, K.M. (*): Solution of Simultaneous Non-linear Equations. CA CACM 316 - R 1.

[17] BROWN, K.M., DENNIS, J.E.Jr.: Derivative Free Analogues of the Levenberg-Marquardt and Gauss Algorithms for Nonlinear Least Squares Approximation. Num. Math. 18, 289-297 (1972).

[18] BROYDEN, C.G. (*): Solution of Nonlinear Simultaneous Equations. Computer J. 12, 405-409 (1969).

[19] BUSINGER, P., GOLUB, G.H. (*): Linear Least Squares Solutions by Householder Transformations. Num. Math. 7, 269-276 (1965).

[20] CHENEY, E.W.: Introduction to Approximation Theory. McGraw-Hill, New York (1966).

[21] COLLATZ, L.: Funktionalanalysis und numerische Mathematik. Springer-Verlag, Berlin (1964).

[22] DAHLQUIST, G., SJOEBERG, B., SVENSSON, P.: Comparison of the Method of Averages with the Method of Least Squares. Math. Comp. 22, 833-845 (1968).

[23] DAVIS, P.J.: Interpolation and Approximation. Blaisdell, New York (1963).

[24] DEMING, W.E.: Statistical Adjustment of Data. Dover Publications (1964).

[25] DRAPER, N.R., SMITH, H.: Applied Regression Analysis. J. Wiley, New York (1966).

[26] DULLEY, D.B., PITTEWAY, M.L.V. (*): Finding a Solution of N Functional Equations in N Unknowns. CA CACM 314 - R 1.

[27] FADDEJEW, D.K., FADDEJEWA, W.N.: Numerische Methoden der linearen Algebra. R. Oldenbourg Verlag, München (1964).

[28] FICHTENHOLZ, G.M.: Differential- und Integralrechnung I. VEB Deutscher Verlag der Wissenschaften, Berlin (1964).

[29] FLETCHER, R.: Generalized Inverse Methods for the Best Least Squares Solution of Systems of Non-linear Equations. Computer J. 10, 392-399 (1968).

[30] FLETCHER, R., GRANT, J.A., HEBDEN, M.D.: The Calculation of Linear Best L_p-Approximations. Computer J. 14, 276-279 (1971).

[31] FORSYTHE, G.E.: Generation and Use of Orthogonal Polynomials for Data-fitting with a Digital Computer. J. SIAM 5, 74-88 (1957).

[32] FORSYTHE, G.E., Moler, C.B. (*): Computer-Verfahren für lineare algebraische Systeme. R. Oldenbourg Verlag, München (1971).

[33] GOLUB, G.H.: Numerical Methods for Solving Linear Least Squares Problems. Num. Math. 7, 206-216 (1965).

[34] GOLUB, G.H., REINSCH, C. (*): Singular Value Decomposition and Least Squares Solution. Num. Math. 14, 403-420 (1970).

[35] GOLUB, G.H., WILKINSON, J.H.: Note on Iterative Refinement of Least Squares Solution. Num. Math. 9, 139-148 (1966).

[36] GORMAN, J.W., TOMAN, R.J.: Selection of Variables for Fitting Equations to Data. Technometrics 8, 27-51 (1966).

[37] GRAEUB, W.: Lineare Algebra. Springer-Verlag, Berlin (1958).

[38] GREGG, J.V., HOSSELL, C.H., RICHARDSON, J.T.: Mathematical Trend Curves: An Aid to Forecasting. Oliver & Boyd, Edinburgh (1964).

[39] GUEST, P.G.: Numerical Methods of Curve Fitting. The University Press, Cambridge (1961).

[40] HANDSCOMB, D.C. (Ed.): Methods of Numerical Approximation. Pergamon Press, Oxford (1965).

[41] HARTLEY, H.O.: The Modified Gauss-Newton Method for the Fitting of Non-linear Regression Functions by Least Squares. Technometrics 3, 269-280 (1961).

[42] HAYES, J.G.: Numerical Approximation to Functions and Data. The Athlone Press, London (1970).

[43] HOCKING, R.R., LESLIE, R.N.: Selection of the Best Subset in Regression Analysis Technometrics 9, 531-540 (1967).

[44] HOERL, A.E. Jr.: Fitting Curves to Data. In: PERRY, J.H. (Ed.), Chemical Business Handbook. McGraw-Hill, London (1954).

[45] HOOKE, R., JEEVES, T.A.: "Direct Search" Solution of Numerical and Statistical Problems. Journal ACM 8, 212-229 (1961).

[46] KAHNG, S.W.: Best L_p-Approximation. Math. Comp. 26, 505-508 (1972).

[47] KAUPE, A.F. (*): Direct Search. CA CACM 178 - R 2.

[48] KRUSKAL, J.B.: Multidimensional Scaling by Optimizing Goodness of Fit to a Nonmetric Hypothesis. Psychometrika 29, 1-27 (1964).

[49] KRUSKAL, J.B.: Nonmetric Multidimensional Scaling: A Numerical Method. Psychometrika 29, 28-42 (1964).

[50] LÄUCHLI, P.: Jordan-Elimination und Ausgleichung nach kleinsten Quadraten. Num. Math. 3, 226-240 (1961).

[51] LAMOTTE, L.R., HOCKING, R.R.: Computational Efficiency in the Selection of Regression Variables. Technometrics 12, 83-93 (1970).

[52] LILL, S.A. (*): A Modified Davidon Method for Finding the Minimum of a Function, Using Difference Approximation for Derivatives. Computer J. 13, 111-113 (14, 106 Ergänzung) (1970).

[53] MADANSKY, A.: The Fitting of Straight Lines when Both Variables Are Subject to Error. J. Amer. Stat. Ass. 54, 173-205 (1959).

[54] MAKINSON, G.J. (*): Generalized Least Squares Fit by Orthogonal Polynomials. Comm. ACM 10, 87-88, 377 (1967).

[55] MARQUARDT, D.W.: An Algorithm for Least-squares Estimation of Non-linear Parameters. J. Soc. Indust. Appl. Math. 11, 431-441 (1963).

[56] MERLE, G., SPÄTH, H.: Computational Experiences With Discrete L_p-Approximation. Computing (erscheint 1974)

[57] MOLER, C.B.: Matrix Computations with FORTRAN and Paging. Comm. ACM 15, 268-270 (1972).

[58] MOLER, C.B. (*): Linear Equation Solver. CA CACM 423.

[59] OBERLÄNDER, S.: Einige Bemerkungen zum exponentiellen Ausgleich. ZAMM 41, T45-T47 (1961).

[60] OBERLÄNDER, S.: Die Methode der kleinsten Quadrate bei einem dreiparametrigen Exponentialansatz. ZAMM 48, 493-506 (1963).

[61] ORTEGA, J.M., RHEINBOLDT, W.C.: Iterative Solution of Nonlinear Equations in Several Variables. Academic Press, New York (1970).

[62] PECKHAM, G.: A New Method for Minimizing a Sum of Squares without Calculating Gradients. Computer J. 13, 418-420 (1970).

[63] PEREYRA, V.: Iterative Methods for Solving Nonlinear Least Squares Problems. SIAM J. Numer. Analysis 4, 27-36 (1967).

[64] POWELL, M.J.D.: A Method for Minimizing a Sum of Squares of Non-linear Functions without Calculating Derivatives. Computer J. 7, 303-307 (1965).

[65] POWELL, D.R., MACDONELD, J.R.: A Rapidly Convergent Iterative Method for the Solution of the Generalised Nonlinear Least Squares Problem. Computer J. 15, 148-155 (1972).

[66] RALSTON, A., WILF, H.S. (*): Mathematische Methoden für Digitalrechner I und II. R. Oldenbourg Verlag, München (1967).

[67] RICE, J.R.: The Approximation of Functions Vol. 1: Linear Theory. Addison-Wesley, Reading, Mass. (1964).

[68] ROBERS, P.D., ROBERS, S.S. (*): Discrete Linear L_1-Approximation by Interval Linear Programming. Comm. ACM 16, 629-631 (1973).

[69] SOUTHWELL, W.H.: Fitting Experimental Data. J. of Comput. Physics 4, 465-474 (1969).

[70] SPÄTH, H. (*): The Damped Taylor's Series Method for Minimizing a Sum of Squares and for Solving Systems of Non-linear Equations. CA CACM 315 - R1.

[71] SPÄTH, H. (*): Spline-Algorithmen zur Konstruktion glatter Kurven und Flächen. R. Oldenbourg Verlag, München (1973).

[72] SPÄTH, H. (*): Algorithmen für elementare Ausgleichsmodelle. R. Oldenbourg Verlag, München (1973).

[73] SSP Scientific Subroutine Package (*): Programmer's Manual. IBM H 20-0205-3

[74] STANGE, K.: Angewandte Statistik, Zweiter Teil: Mehrdimensionale Probleme. Springer-Verlag, Berlin (1971).

[75] ÜBERLA, K. (*): Faktorenanalyse. Springer-Verlag, Berlin (1971).

[76] WIEZORKE, B.: Auswahlverfahren in der Regressionsanalyse. Metrika 12, 68-79 (1967).

[77] WILLIAMSON, J.H.: Least-Squares Fitting of a Straight Line. Canadian J. of Physics 46, 1845-1847 (1968).

[78] YORK, D.: Least-Squares Fitting of a Straight Line. Canadian J. of Physics 44, 1079-1086 (1966).

Reihe "Verfahren der Datenverarbeitung"

Gary DeWard Brown
System/360 Operating System Job Control-Sprache
1972. 296 Seiten, 3 Abbildungen, 4 Tabellen, zahlreiche Job Control-Beispiele, Gr.-8°, flexibler Kunststoff DM 52,– ISBN 3-486-33971-0
Das amerikanische Original übersetzte Peter Fiege
(In Gemeinschaft mit John Wiley & Sons GmbH, Frankfurt)

Donald A. Calahan
Rechnergestützter Schaltungsentwurf
1973. 497 Seiten, 153 Abbildungen, 57 Tabellen, 4 FORTRAN-Programme, Gr.-8°, flexibler Kunststoff DM 68,– ISBN 3-486-34351-3
Das amerikanische Original übersetzte Walter Entenmann

Michel Dreyfus
Anleitung zum praktischen Gebrauch von FORTRAN IV
1970. 222 Seiten, 22 Abbildungen, 9 Tabellen, Gr.-8°, flexibler Kunststoff DM 28,–
ISBN 3-486-33031-4
Aus dem Französischen übersetzt von Albert Lutz

George E. Forsythe / Cleve B. Moler
Computer-Verfahren für lineare algebraische Systeme
1971. 162 Seiten, 5 Programmbeispiele, 4 Abbildungen, Gr.-8°, flexibler Kunststoff DM 42,–
ISBN 3-486-33601-0
Das amerikanische Original übersetzten Christine und Helmuth Späth

Leonard Gilman / Allen J. Rose
APL / Anwendung auf IBM-Systemen
1973. 423 Seiten, 15 Abbildungen, Gr.-8°, flexibler Kunststoff DM 78,– ISBN 3-486-34121-9
Das amerikanische Original übersetzte Manfred Kuhn
(In Gemeinschaft mit John Wiley & Sons GmbH, Frankfurt)

Geoffrey Gordon
Systemsimulation
1972. 303 Seiten, 120 Abbildungen, 15 Tabellen, Gr.-8°, flexibler Kunststoff DM 88,–
ISBN 3-486-33831-5
Das amerikanische Original übersetzte Wilfried Jud

Martin Graef / Reinald Greiller / Gunda Hecht
Datenverarbeitung im Realzeitbetrieb
Eine Einführung
2. verbesserte Auflage 1972. 232 Seiten, 70 Abbildungen, 14 Tabellen, Gr.-8°, flexibler Kunststoff DM 46,– ISBN 3-486-33342-9

Rudolf Herschel
Anleitung zum praktischen Gebrauch von ALGOL 60
5. erweiterte Auflage 1971. 208 Seiten, 42 Abbildungen, 16-seitige Beilage, Gr.-8°, flexibler Kunststoff DM 19,– ISBN 3-486-32195-1

Harry Katzan jr.
Computerorganisation und das System/370
1974. 376 Seiten, 132 Abbildungen, 33 Tabellen, Gr.-8°, flexibler Kunststoff DM 78,–
ISBN 3-486-34111-1
Das amerikanische Original übersetzte Dieter Bielski

Conrad Kuck
Programmsysteme für Realzeitrechner
1972. 184 Seiten, 61 Abbildungen, 24 Tabellen, Gr.-8°, flexibler Kunststoff DM 38,–
ISBN 3-486-33981-8

Theo Lutz / Herbert Klimesch
Die Datenbank im Informationssystem
1971. 232 Seiten, 62 Abbildungen, Gr.-8°, flexibler Kunststoff DM 52.– ISBN 3-486-38951-3

Günter Meyer-Brötz / Jürgen Schürmann
Methoden der automatischen Zeichenerkennung
1970. 154 Seiten, 65 Abbildungen, 8 Tabellen, Gr.-8°, flexibler Kunststoff DM 28,–
ISBN 3-486-38481-3

Peter H. Reinisch
Automatische Angebots- und Auftragsbearbeitung
1971. 173 Seiten, 60 Abbildungen, Gr.-8°, flexibler Kunststoff DM 32,– ISBN 3-486-39031-7

Helmuth Späth
Algorithmen für elementare Ausgleichsmodelle
1973. 166 Seiten, 113 Abbildungen, davon 42 Computer-Programme, Gr.-8°,
flexibler Kunststoff DM 48,– ISBN 3-486-39561-0

Helmuth Späth
Spline-Algorithmen zur Konstruktion glatter Kurven und Flächen
1973. 134 Seiten, 72 Abbildungen, davon 27 Computer-Programme, Gr.-8°,
flexibler Kunststoff DM 40,– ISBN 3-486-39471-1

Donald D. Spencer
Anleitung zum praktischen Gebrauch von BASIC
1974. 240 Seiten, 72 Abbildungen, 2 Tabellen, zahlreiche Programmbeispiele, Gr.-8°,
flexibler Kunststoff DM 49,– ISBN 3-486-39641-2
Das amerikanische Original übersetzten Jane und Gerd Klawitter

Gerhard Zielke
ALGOL-Katalog. Matrizenrechnung
1972. 148 Seiten, Gr.-8°, steifer Kunststoff DM 32,– ISBN 3-486-39261-1

R. Oldenbourg Verlag München Wien